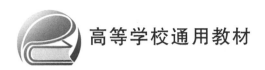

高等学校通用教材

飞行器多学科优化

黄 俊 仪明旭 宋 磊 编著

北京航空航天大学出版社

内 容 简 介

飞行器是一种复杂的工程系统,其设计覆盖气动、结构、控制等多个学科,各学科的设计不仅非常复杂,而且学科之间相互关联,因此,将各学科有效组织起来进行飞行器多学科优化设计的难度较大。随着世界航空工业的发展和人们对飞行器综合性能要求的提升,飞行器多学科优化领域的相关理论、方法和技术得到了极大发展。本书是面向飞行器设计与工程专业的教材,重点介绍了飞行器多学科优化的基本概念、基本理论和相关的基础知识,主要包括飞行器多学科优化概述、多学科设计优化的基本理论、优化的基本概念及其数学描述、基于梯度的优化方法、非梯度的优化方法、约束条件的处理及多目标优化、多学科优化策略、不确定性设计优化八个部分的理论内容(每部分配有习题),以及基于通用研究模型的机翼、翼-体-尾的气动外形优化,基于代理模型的飞翼布局飞机的气动、气动结构优化四个部分的实例分析。

本书适用于飞行器设计专业研究生的专业课学习,也可供相关专业科研人员参考使用。

图书在版编目(CIP)数据

飞行器多学科优化 / 黄俊,仪明旭,宋磊编著. --
北京 : 北京航空航天大学出版社,2024.1
ISBN 978 - 7 - 5124 - 4066 - 1

Ⅰ. ①飞… Ⅱ. ①黄… ②仪… ③宋… Ⅲ. ①飞行器
—最优设计 Ⅳ. ①V47

中国国家版本馆 CIP 数据核字(2023)第 050378 号

飞行器多学科优化

黄 俊 仪明旭 宋 磊 编著
策划编辑 陈守平 责任编辑 宋淑娟

*

北京航空航天大学出版社出版发行

北京市海淀区学院路 37 号(邮编 100191) http://www.buaapress.com.cn
发行部电话:(010)82317024 传真:(010)82328026
读者信箱:goodtextbook@126.com 邮购电话:(010)82316936
北京富资园科技发展有限公司印装 各地书店经销

*

开本:787×1 092 1/16 印张:10.75 字数:275 千字
2024 年 1 月第 1 版 2024 年 1 月第 1 次印刷 印数:1 000 册
ISBN 978 - 7 - 5124 - 4066 - 1 定价:59.00 元

前　言

　　能够离开地球表面在空中飞行的器械统称为飞行器。1903 年 12 月 17 日，美国莱特兄弟的飞机试飞成功，被公认是现代飞行器发展的始点。100 多年来，除了从事飞行器研发人员和飞行器爱好者做出的努力之外，第一次和第二次世界大战及战后冷战极大地推动了航空宇航科学技术的成熟和发展，促进了飞行器性能的大幅提升，使航空航天成为今天一个国家国防和国民经济建设中的高科技产业，并为改善人们的生活品质发挥着重要作用。飞行器可分为航空器、航天器及火箭与导弹三类。航空器是在地球表面较稠密大气层内进行航空活动的主体器具，空气是航空的前提条件；航天器是在离地球表面较高的轨道上航行，以及绕地球以外的其他星球轨道航行或登陆其他星球进行深空探测的器具，火箭推进是航天的物质基础；火箭主要是航天器的载运工具，也用作大气探测和对地打击，而导弹则是纯粹的武器，在现代战争和战略威慑中起着非常关键的作用。各类飞行器都由多个子系统组成，毫无疑问，飞行器是复杂工程系统的典型代表。

　　飞机使第一次世界大战成为人类历史上空前的三维立体战争；在第二次世界大战中，喷气发动机、火箭、后掠翼气动布局飞机的发明和成熟，奠定了飞行器跨越发展的基础；冷战中的东西方集团都把军备竞赛的核心放在航空航天领域，超越对方的性能指标成为飞行器发展的焦点，逐步形成面向性能的飞行器设计特征，这种设计方法造就了许多辉煌的航空航天奇迹，如"双三"高空高速飞机、超声速运输机、载人登月、航天飞机等。20 世纪 90 年代初期冷战结束，由于竞争对手的消失，人们开始从飞行器设计中最关注的性能提升转移到成本问题。以战斗机为例，使用维护费用是比飞机采购成本高得多的消耗，买得起、用得起成为新型号发展的重点考虑问题，可承受性的概念开始融入飞行器设计过程，而在飞行器设计中考虑经济性的影响在很大程度上改变了设计的本质，面向价值的飞行器设计理念逐渐成为主流。

　　获取一个整体最优的设计方案是面向价值的飞行器设计思想要达成的目标，多学科设计优化由此而生，并为飞行器最优方案设计提供了一个有效的解决方案。对一个飞行器设计人员来说，把自己负责的设计做到最优是一种天生的责任使然，但却面临两大挑战：一是设计人员的理论知识和工程经验限制了在设计空间中去寻求最优方案的努力；二是飞行器是非常复杂的工程系统，设计过程是一个系统工程，需要团队的密切协作，一个人的努力很难做到飞行器设计方案的整体最优。多学科设计优化则借助计算机科技的发展成果和计算能力，依靠飞行器涉及的各学科的分析方法和计算软件，利用飞行器设计初期的设计自由度以及学科之间的交互作用和耦合效应，有效解决设计人员面临的问题，得出整体最优的飞行器设计方案，以实现提高设计质量、缩短设计周期、降低设计成本的目标。

一个优化设计问题必须具备三个基本要素：设计变量、目标函数、约束条件。设计变量是一组描述设计对象的参数，在设计过程中要确定这些参数的数值，明确了取值的设计变量就是一个设计方案；目标函数是衡量设计方案好坏的评价准则，由优化设计人员确定，一般情况下目标函数取最小值所对应的设计方案为最优解；约束条件是设计过程必须满足的要求，包括变量的取值边界和设计对象的性能指标，工程项目的优化设计基本上都是带有约束的。所谓的优化设计就是调整或改变设计变量的取值，在满足所有约束条件的情况下，寻找使目标函数取最小值的设计方案。最优化在数学上表现为求函数极值，目标函数极值的各种求解方法在优化设计问题中就叫作优化方法。两千多年前，古希腊数学家所研究的最短距离和最大面积问题，可以说是优化问题的萌芽阶段；工业革命后，科学家对优化理论做出了积极贡献，20 世纪 70 年代结构优化的成功，推动了 80 年代多学科设计优化的诞生。多学科设计优化的核心是优化或单学科优化，所谓的多学科优化本质上就是构建一个多学科架构，将多学科优化转化为单学科优化问题，利用计算机自动进行循环迭代直至收敛。

笔者在 20 世纪 90 年代中期在北京航空航天大学（以下简称"北航"）攻读工学硕士学位期间，选修了"飞行器总体优化设计"课程，对优化设计开始产生浓厚兴趣，因此，硕士论文选题就对高级教练机的设计方案进行了优化设计研究，并在接下来的攻读博士学位阶段，继续跟进飞行器优化设计的研究进展，曾在《航空学报》2000 年第 6 期上发表《飞机总体优化设计的新进展》的综述文章。2002 年博士后出站后，笔者留在北航航空科学与工程学院飞机系任教，作为学科责任教授秘书和执笔人，参加了 2005 版飞行器设计专业研究生培养方案的修订，将"飞行器多学科优化"课程列入了培养方案，并从 2005 年起为北航飞行器设计专业研究生开设"飞行器多学科优化"专业核心课程并担任主讲教师。当年对多学科设计优化在飞行器研发领域的应用前景充满了高度信心和期望，但现在看来，多学科设计优化的工程应用并没有全面推开，而作为一种有效提升飞行器设计质量的技术方法和手段，相信多学科设计优化的思想和理念会得到越来越多人的认同和接受，也会逐步拓展到飞行器设计之外的其他领域。

编写"飞行器多学科优化"课程的配套教材一直是笔者作为课程主讲教师的心愿。幸运的是，几年前仪明旭老师加入了课程教学团队，仪老师深厚的数学功底促进了对优化理论更深刻的理解,对课程教学质量的提升起到了非常积极的作用。以课程教学课件为基础,结合多学科设计优化领域最新的飞行器设计案例,由仪明旭老师主笔编著了这本《飞行器多学科优化》教材。

本教材适用于飞行器设计专业的研究生和高年级本科生使用,也可供飞行器设计相关专业教师,以及从事飞行器设计、发动机设计和其他复杂系统设计的工程技术和科研人员参考。

飞行器多学科优化仍然是一个不断发展中的设计方法,加之作者水平有限,书中难免存在错误、不足、不妥之处,敬请读者批评指正。

黄俊

2023 年 3 月 15 日

目　　录

第1章　飞行器多学科优化概述

1.1　飞行器总体设计中的优化问题

与结构力学、空气动力学、操稳和控制等分析性学科不同,飞行器设计是航空工程专业的一门独立学科。飞行器设计不仅包含总体布局和总体布置,还包含确定应该设计什么才能满足各项设计要求,以及应该如何改进设计方案这样一个完整的分析过程[1]。飞行器设计过程具有复杂、多阶段的特点,同时也具备反复迭代、逐渐接近最优的特征。以飞机设计为例,飞机设计过程包含以下几个阶段:设计要求论证阶段、概念设计阶段、初步设计阶段和详细设计阶段[2]。将优化方法应用于这些设计阶段,采用优化方法得到改进的设计方案是很有意义的事。

（1）设计要求论证阶段

在这个阶段,主要任务是论证设计要求及定义系统指标,也称为顶层设计阶段。由于在该设计阶段中,对决策的需求量较大,因此引入优化技术是非常有效的。

（2）概念设计阶段

在这个阶段,飞机的一些基准外形需要通过复杂的权衡产生,如给出一个初始外形、绘制概念草图、进行部分参数研究以检测定义的设计空间是否合理等。在本阶段中,设计师的技术决定了设计的质量,因此将优化技术应用于概念设计阶段是非常有用的。

（3）初步设计阶段

在初步设计阶段,需要对概念设计阶段确定的基准设计进行细节分析,如对外形进行更加详细的描述,同时在各个学科设计组中进行学科分析等,使在概念设计阶段制定的设计方案更加精细。然而,这一阶段的并行性通常会导致各学科设计组的不一致设计,原因是缺乏一个有效工具以建立迭代循环。因此在初步设计阶段,设计者要进行的重要选择和决策是最多的,有必要引入优化技术,以提高计算效率、节约计算成本,使设计结果最优化。

（4）详细设计阶段

在详细设计阶段,设计者的工作除了要注重细节外,还要充分考虑更复杂的分析。详细设计阶段不再进行飞机整体的综合优化设计,而是设计接头、开口等局部细节,因此某些细节优化可应用于详细设计阶段。细节优化设计可对飞机的一些具体属性进行调节,但往往不会从本质上影响飞机的整体性能。如进行某构件的结构优化设计,可在很大程度上减轻结构重量,但对飞机整体的性能影响相对较小。

综上所述,优化技术在飞机设计的上述四个阶段中都发挥了重要作用。然而,飞行器优化设计的实现具有一定难度。首先,飞行器是涵盖多个学科的大型、复杂的工程系统。早期的飞行器就包括传统的空气动力学、结构力学、推进理论和控制理论等学科;而现代飞行器不仅包括以上学科,还包括隐身、人机环境和人工智能等学科。飞行器设计具备多学科交互作用的特点,且各个学科之间存在一定的关联,学科之间的相互影响增加了飞行器整体设计难度。其次,飞行器设计中大量的设计变量和约束也使优化设计难度增加,尤其是初步设计阶段之后涉及不同学科领域的各个子系统的分析,是否由不同领域专家完成于不同地点也未可知,这也给整体优化设计增加了难度。为了解决上述问题,序列式设计方法常常应用于飞行器设计:首先,在各学科内部进行优化,然后组合、装配各学科的优化设计结果,最后通过反复协调来确定最终设计结果。然而,序列式设计方法的致命弱点是低效耗时,而且不同学科优化结果的简单装配可能会使子系统之间的耦合效应被忽略,导致最终的设计结果可能不尽如人意。因此,需要发展一种适合于飞行器这种复杂工程系统的高效设计优化方法。

1.2　用传统优化方法解决飞行器多学科优化设计问题的困难

飞行器设计的过程涉及多个学科,且各学科之间存在强烈的耦合效应,因此飞行器优化设计就是多学科优化设计。实践研究表明:一方面设计对象涉及多个学科且学科间相互影响,是飞行器多学科优化的困难之一;另一方面,在对这些"相互影响的多学科"进行分析时面临的巨大计算量和信息交流量,以及如何将不同学科知识组成一个完整的设计计算整体[3],是飞行器多学科优化设计最根本的困难。传统优化方法在飞行器多学科优化设计问题上的困难主要体现在以下方面。

(1) 高计算量和高信息交流量

在采用传统优化方法的设计过程中,设计者将在一个进程中,集中全部有关设计对象的知识进行优化设计、循环迭代求解,并在系统分析和寻优两个部分实现计算和信息交流。飞行器设计中的各个学科都需要较为复杂的分析,并且计算量很大。例如,仅一个气动学科领域的N-S方程求解就需要花费数小时,而飞行器设计涉及的所有学科分析都应包含于系统分析中,计算量与时间成本庞大;此外,各个学科设计与学科分析之间的耦合效应使各学科之间需要进行大量的信息交流,且反复迭代才能得到收敛结果。如果采用传统优化方法求解,那么对于采用现代优化算法都有很大计算量的优化本身来说,当采用经典的梯度优化算法时,每求解一个设计变量的梯度,就要调用一次系统分析,设计变量越多,系统分析次数越多,而优化过程中又要多次进行系统分析并迭代求解,显然其计算量和复杂度是巨大的。

(2) 信息的不准确性

为了保证足够高的精度,设计者在用差分方法构造梯度信息时,步长不能取得太大,但步长的影响经过复杂的学科分析与系统分析之后,可能被淹没在计算误差里,由此对梯度的准确性产生了负面影响,优化可能陷入局部振荡而不收敛。

(3) 分析方法上的困难

一般来说,不同学科的计算模型、分析方法及计算软件都是针对本学科的需要而发展完善起来的,仅适合本学科领域内的专家分析使用。在传统的优化方法中,在一个分析平台上集成了所有学科领域内的计算模型、分析方法和计算软件,对充分发挥各独立学科的优势是不利的,并且建模、算法设计及程序实现的困难也明显增加。

(4) 飞行器设计组织上的困难

相对简单的设计对象分析在一般的设计问题中往往比较简单,同时设计师也能进行系统分析,因此传统的优化方法可以应用于解决这类问题。但对于飞行器这样日趋复杂的设计对象,个人已经难以独立完成设计任务,设计的组织形式已经发展到飞行器设计研究所这样复杂的组织机构,设计任务要由庞大的研究团队协作才能完成。需要的知识也扩展到气动、结构、控制、推进、隐身等诸多学科。这些学科本身也日益复杂，又包含很多分支，研究所中不同科室里不同领域的专家共同承担本学科的分析任务存在困难，而总设计师几乎不可能是所有学科领域的专家，所以飞行器设计的任务必须由总设计师与各学科专家协作配合完成，在这样的情况下，传统的优化方法就显得难以为继。

1.3　多学科设计优化的产生

如上所述，飞行器设计是涉及多个学科的研究。对飞行器总设计师来说，若设计时只突出某几个学科而忽视其他学科，则所得到的设计结果是难以满足各项要求的，最佳的飞行器必定是多学科交叉综合设计出来的。对于对各学科领域知识都精通的专家来说，虽然能用各自业务领域内最好的技术参与飞行器设计，但是如此设计得到的飞行器设计方案是否一定最佳，仍然无法定论。

举个例子，对于一款低速飞行器的设计，当机翼面积固定时，组合设计参数展弦比的增加会让气动学科专家欣欣鼓舞——展弦比越大，升阻比越大，气动性能越好；但结构学科专家不以为然——展弦比越大，翼展越长，就意味着机翼本身的抗弯刚度减小，机翼所承受的弯矩变大，因此，结构学科专家不得不对机翼结构进行加强，以满足强度和变形的要求。但加强结构的后果是增加了结构重量，这对飞行器性能分析专家来说又是一个不利的消息。又如，设计一架双垂尾飞行器，隐身学科专家希望两面垂直尾翼倾斜角大一点，以显著降低侧向雷达散射截面（RCS）；而倾斜角大了，气动效率也随之降低，这又是气动学科专家不愿意看到的结果。

又如，20 世纪 60 年代中期，苏联的 MiG - 25 "狐蝠"战斗机曾创下了 8 项飞行速度、9 项飞行高度和 6 项爬高时间的世界纪录。在 1971 年的第四次中东战争中，MiG - 25 战斗机的优异性能让当时西方最先进的 F - 4 "鬼怪"式战斗机和先进的 AIM - 7 "麻雀"空空导弹相形见绌。西方的军事专家怀着不安的心情纷纷猜测，这种飞机一定采用了某种划时代的新技术[4]。1976 年 9 月 6 日，苏联飞行员维克托·布兰科中尉从苏联叛逃，驾驶神秘的 MiG - 25 成功地躲避 F - 4 的拦截和地面雷达监视网，降落在日本北海道机场。随后日本与美国的研究人员拆解了这架 MiG - 25，并检查了它的每一部分，然而令西方军事专家吃惊的是：这令人望而生畏的"狐蝠"并没有采用什么突破性的新技术，而是将一些看似普通的部件和设计组合在一起发挥出来的一个具有惊人效果的人机系统。MiG - 25 的传奇从另一个方面说明，尽管各子系统不是最好的，但是由于充分考虑到了各子系统之间的相互作用，组合起来形成的完整系统就具有了良好的性能。

以上内容说明飞行器设计师不应局限在某一局部和某一学科，而应具有全局的多学科眼光。早在 20 世纪 30 年代，人们就逐渐形成了一种认知：飞行器是由相互关联的子系统组成的，在子系统之间需要进行协调折中，最终形成一个完整的设计方案。但在那时，对飞行器这样的复杂系统进行设计的系统方法还没有出现，因此当时的飞行器设计顺序一般为：直觉—经验—有限的分析和测试。这种设计方法的缺点在于效率低下，原因是先前的工作会因后面的分析测试与前面的设计发生矛盾而被否定，从而使整个过程重新进行。随着数学上优化理论的发展应用，人们将优化方法用于飞行器设计，即考虑在满足各种约束条件下使目标最优，这也正是考虑各方面因素全局思想的数学表述。飞行器设计也由直觉、经验设计真正转换为理论设计。

20 世纪 80 年代,以 J. Sobieszczanski-Sobieski 和 I. Kroo 为代表的一批航空领域的科学家和工程技术人员针对用传统优化方法解决飞行器综合优化设计所面临的困难时,指出当时航空设计通用的各系统序列设计方法有可能忽略了系统间的相互影响,所得到的设计结果难以达到最优,又陆续提出了一些对复杂系统进行分析及设计优化的方法。随着时间的推移,这些思想不断完善,并逐步形成了今天的多学科设计优化 MDO(Multidisciplinary Design Optimization)方法。MDO 的主要思想是在飞行器设计的各个阶段充分考虑各学科之间的互相影响,力求各个阶段的平衡,应用有效设计、优化策略及计算机网络系统,来组织和管理整个系统的设计过程,充分利用各学科之间相互作用所产生的协同效应,获取系统的整体最优解。

1.4　传统优化与多学科设计优化的差异

设计要求方面:传统优化强调单一性或多功能性;而多学科设计优化则强调整体综合性能,包括技术性、经济性和社会性等。

优化对象方面:传统优化针对零部件的单一方面;而多学科设计优化则注重产品的全系统,包括零部件、整机、系列及组合产品。

研究重点方面:传统优化以算法及搜索策略为主;而多学科设计优化则强调产品建模、规划、搜索策略和评价及决策的全过程。

优化范围方面:传统优化是参数优化设计;而多学科设计优化是全过程优化,包括功能概念优化和参数化设计。

优化算法方面:传统优化以数值优化为主;而多学科设计优化除了数值优化与非数值优化外,还有人与人工智能相结合的算法。

寻优策略方面:传统优化以单机优化、串行为主;而多学科设计优化则更注重整体优化,分层、分性能或分部件优化,人机合作的交互优化,多机并行的协调优化。

软件系统方面:传统优化以寻优搜索为主;而多学科设计优化则支持优化设计的全过程。

总之,相对于传统优化,多学科设计优化更突出系统的整体性、综合性、全过程及设计并行。

1.5　优化的发展历史

公元前 300 年,欧几里得(Euclid)研究了点与线之间的最短距离,并证明了在给定周长的矩形中,正方形面积最大。

公元前 200 年,芝诺多罗斯(Zenodorus)致力于 Dido 问题的研究,该问题是寻找一个以直线为边界的图形,在给定周长的情况下面积最大。

公元前 100 年,海伦(Heron)证明了光在镜面反射时,两点之间以最短的路径传播,且反射角等于入射角。

1615 年,约翰尼斯·开普勒(Johannes Kepler)发现了酒桶的最佳尺寸。当他开始寻找第二任妻子时,还提出了"婚姻问题"(动态规划的经典应用,也被称为"秘书问题")的早期版本。

该问题涉及 11 名候选人的优点和缺点的平衡，以及最大化效用函数。

1621 年，威里布里德·斯涅耳（W. van Royen Snell）发现了折射定律。该定律遵循更一般的最短时间原理（或称费马原理），即光线从一个点到另一个点的路径所需的时间最少。

1646 年，皮耶·德·费马（P. de Fermat）证明了函数的梯度在极值点处为零。

1695 年，艾萨克·牛顿（Isaac Newton）用变分法获得了对称旋转体的几何外形，使流体阻力最小化。

1696 年，约翰·伯努利（Johann Bernoulli）挑战世界上所有的数学家，要求他们找出在重力作用下物体在两个不同高度的点之间的运动时间最小的路径——最速降线问题。伯努利已经有了一个解决方案。五位数学家也给出了答案，他们分别是艾萨克·牛顿、雅各布·伯努利（Jakob Bernoulli）（约翰的兄弟）、戈特弗里德·莱布尼茨（Gottfried Leibniz）、埃伦弗里德·瓦尔特·冯·契恩豪斯（Ehrenfried Walther von Tschirnhaus）和纪尧姆·德·洛必达（Guillaume de l'Hôpital）。据报道，牛顿一收到这个问题就马上开始解决，他当晚彻夜未眠，花了将近 12 个小时才解决，并在同一天发回了解决方案。

1740 年，欧拉（Euler）在出版物上发表了关于变分法一般理论的研究。

1746 年，皮埃尔·路易·莫佩尔蒂（P. L. Maupertuis）提出了最小作用量原理，它统一了物理运动的各种规律。这是静止运动变分原理的前身，使用了变分法，在拉格朗日和哈密顿经典力学中起着核心的作用。

1784 年，蒙日（G. Monge）研究了一个称为运输问题的组合优化问题。

1805 年，阿德利昂·勒让德（Adrien Legendre）提出了用于小行星轨道预测和曲线拟合的最小二乘方法。弗里德里希·高斯（Frederich Gauss）给出了最小二乘方法的严格数学基础，并声称他曾在 1801 年用来预测小行星谷神星的轨道。后来，勒让德和高斯就谁最先发明了这一方法展开了激烈的争论。

1815 年，大卫·李嘉图（D. Ricardo）发表了土地收益递减规律。

1847 年，柯西（A. L. Cauchy）提出了最速下降法，即第一种基于梯度的方法。

1857 年，吉布斯（J. W. Gibbs）研究了当能量最小时所达到的化学平衡。

1917 年，汉考克（H. Hancock）出版了第一本优化方面的教科书。

1932 年，门格尔（K. Menger）提出了旅行推销员问题的一般构想，这是最深入研究的优化问题之一。

1939 年，卡罗需（William Karush）在其硕士论文中推导了不等式约束问题的最优解必要条件。哈罗德·库恩（Harold Kuhn）和阿尔伯特·塔克（Albert Tucker）重新推导了这些条件，并在 1951 年发表在他们的开创性论文中。这些条件被称为卡罗需-库恩-塔克（KKT）条件。

1939 年，列奥尼德·康托罗维奇（Leonid Kantorovich）在完成苏联政府胶合板行业的生产优化任务后，开发了一种解决线性优化问题的优化方法。

1947 年，乔治·丹齐格（George Dantzig）提出了单纯形算法。曾为美国空军工作的丹齐格进一步革新和发展了线性规划，规划了支出和回报，从而降低了军队的成本，增加了敌人在第二次世界大战中的损失。该算法在第二次世界大战期间一直保密。

1947 年，约翰·冯·诺伊曼（John von Neumann）发展了线性问题的对偶理论。

1949 年，在芝加哥举行了优化方面的第一次国际会议——国际数学规划研讨会。

1951 年，哈里·马科维茨（H. Markowitz）提出了基于二次优化的投资组合理论，并于 1990 年获得了诺贝尔经济学奖。

1954 年，福特（L. R. Ford）和福克森（D. R. Fulkerson）研究网络问题，开创了组合优化领域。

1957 年，贝尔曼（R. Bellman）提出了动态规划问题的最优性必要条件。贝尔曼方程首先被应用于工程控制理论，后来成为经济理论发展的重要原理。

1959 年，戴维登（Davidon）发表了第一个用于解决非线性优化问题的准牛顿方法。弗莱彻（Flelcher）和鲍威尔（Powell）在 1963 年进一步发展了该方法。

1960 年，约坦狄克（Zoutendijk）提出了可行方向法，推广了非线性规划的单纯形法。罗森（Rosen）、沃尔夫（Wolfe）和鲍威尔（Powell）也提出了类似的想法。

1963 年，威尔逊（Wilson）首次提出了序列二次规划方法。

1975 年，皮罗诺（Pironeau）发表了一篇关于气动外形优化的开创性论文，该论文首次提出使用伴随方法进行灵敏度分析。

1975 年，约翰·霍兰德（John Holland）提出了遗传算法。

1977 年，哈弗可（Raphael Haftka）在一篇题为《受强度和诱导阻力约束的柔性机翼结构优化》论文中首次阐述了多学科设计优化（MDO）应用方面的内容。

1979 年，柯驰燕（Kachiyan）提出了线性问题的第一个多项式时间算法。在《纽约时报》头版发表的标题为《一个苏联的发现震撼了数学世界》的文章中，称"一位不知名苏联数学家的惊人发现震惊了数学和计算机分析的世界……这一新发现除了具有深远的理论意义外，还可应用于天气预报、复杂的工业过程、石油提炼、大型工厂的工人调度等方面。"1975 年，坎托罗维奇（Kantorovich）和佳林·库普曼斯因（T. C. Koopmans）在线性规划方面的贡献获得了诺贝尔经济学奖。

1984 年，卡马卡（Narendra Karmarkar）通过提出一种更有效的算法来解决线性问题，开启了内点算法的时代。在通信网络优化的特定应用中，解决时间从数周缩短至数天，从而加快了业务和政策决策。卡马卡的算法促进了其他几种内点算法的发展，其中一些被用于当前的代码中来求解线性程序。

1985 年，MDO 的第一次会议——多学科分析与优化（MA&O）会议召开。

1988 年，詹姆森（Jameson）为计算流体力学（CFD）开发了基于伴随法的气动外形优化。

1995 年，肯尼迪（Kennedy）和埃伯哈特（Eberhart）提出了粒子群优化算法。

当前，工程设计领域尤其是航空领域对 MDO 的研究非常重视，有许多机构从事 MDO 的研究，如美国 NASA 兰利研究中心、波音公司、洛克西德·马丁公司、通用电气公司等；还有一些大学，如斯坦福大学、纽约州立大学、密歇根大学等；此外，其他许多国家也在进行 MDO 研究，如俄罗斯、德国、英国、日本、韩国等。我国北京航空航天大学、西北工业大学、国防科技大学和南京航空航天大学等也先后开展了 MDO 的研究。MDO 已成为飞行器设计的一个发展方向，是许多国际学术会议讨论的主题。AIAA 的权威期刊 *Journal of Aircraft* 出版了 MDO 专集。AIAA/USAF/NASA/ISSMO 关于 MDO 的研讨会每两年举行一次。

参考文献

［1］ Reymer D P. Aircraft Design：A Conceptual Approach［M］. Washington，D. C. ：American Institute of Aeronautics and Astronautics，Inc，1989.

［2］ 刘虎，罗明强，孙康文.飞机总体设计［M］.北京：北京航空航天大学出版社，2019.

［3］ 张科施.飞机设计的多学科优化方法研究［D］.西安：西北工业大学，2006.

［4］ Sobieszczanski Sobieski J，Chopra I. Multidisciplinary Optimization of Aeronautical System［J］. Journal of Aircraft，1990，27(12)：977-978.

习　　题

1. 飞行器设计一般分为哪几个阶段？飞行器多学科优化设计有什么意义？

2. 传统优化方法在解决飞行器多学科优化设计问题时存在哪些困难？

3. 在飞行器设计过程中，多学科设计优化（MDO）方法与传统设计方法之间有哪些相同点和不同点？

第 2 章　多学科设计优化的基本理论

2.1　MDO 的定义

关于多学科设计优化(MDO)的定义,目前尚未完全统一。

美国航空航天学会 AIAA(Aircraft Industries Association of America)的 MDO 技术委员会给出了 MDO 的三种定义[1]:

定义 1　MDO 是一种通过充分探索和利用系统中相互作用的协同机制来设计复杂系统和子系统的方法论。

定义 2　MDO 是一种在复杂工程系统的设计过程中,必须对学科(子系统)之间的相互作用进行分析,并且充分利用这些相互作用进行系统优化合成的方法。

定义 3　MDO 是当设计中的每个因素都影响另外的所有因素时,确定应该改变哪个因素以及改变到什么程度的一种设计方法。

无论哪种定义,其核心都是强调综合考虑设计中多个学科之间的耦合效应,强调系统总体性能最优。

美国国家航空和宇宙航行局 NASA(National Aeronautics and Space Administration)的 Langley 研究中心的多学科设计优化分部 MDOB(MDO Branch)对 MDO 的定义如下:

定义 4　MDO 是一种方法学,它用来设计具有交互作用的复杂工程系统和子系统,探索它们协同工作的机理。

国防科技大学学者对 MDO 的定义如下[2]:

定义 5　多学科设计优化就是在进行复杂系统的设计过程中,结合系统的多学科本质,充分利用各种多学科设计与多学科分析工具,最终达到基于多学科优化的方法论,即

$$多学科设计优化(MDO) = 多学科设计(MD) +$$
$$多学科分析(MA) +$$
$$多学科优化(MO)$$

传统的设计方法是:先有一个设计,对设计进行分析,看是否满足设计要求,若不满足,则修改设计,再循环,这叫系统分析法。

根据设计要求,利用优化方法获得最优性能的设计,叫系统综合方法。

2.2　MDO 的数学模型及概念

1. MDO 的数学模型

与通常的优化问题相比,飞行器 MDO 包含了一些特有的概念。一般飞行器 MDO 问题的数学模型可表示为

$$
\left.\begin{array}{ll}
\min & f(\boldsymbol{X},\boldsymbol{Y}) \\
\text{s. t.} & \boldsymbol{C}(\boldsymbol{X},\boldsymbol{Y}) \leqslant \boldsymbol{0} \\
& \boldsymbol{X} \in \mathbf{R}^{n_X},\boldsymbol{Y} \in \mathbf{R}^{n_Y} \\
& f:\mathbf{R}^{n_X} \rightarrow \mathbf{R},\boldsymbol{C}:\mathbf{R}^{n_X} \rightarrow \mathbf{R}^{n_C}
\end{array}\right\}
\tag{2.1}
$$

$\boldsymbol{X}$ 与 $\boldsymbol{Y}$ 又满足如下关系：

$$
\boldsymbol{A}(\boldsymbol{X},\boldsymbol{Y}) = \begin{bmatrix} a_1(\boldsymbol{X},\boldsymbol{Y}) \\ \vdots \\ a_n(\boldsymbol{X},\boldsymbol{Y}) \end{bmatrix} = \boldsymbol{0}
\tag{2.2}
$$

在多学科优化意义下,式(2.1)称为设计对象的优化模型,式(2.2)称为设计对象的状态模型,它们一起组成设计对象的设计模型。式(2.1)和式(2.2)中的符号含义如下。

（1）$\boldsymbol{X}$：设计变量

设计变量(design variable)用于描述工程系统的特征,以及在设计过程中可被设计者控制的一组相互独立的变量。

由设计变量组成的向量共 n_X 维,简称设计向量。若该设计问题涉及 k 个学科,且各学科的设计向量为 $\boldsymbol{X}$ 的元素,分别为 $\boldsymbol{X}_1,\boldsymbol{X}_2,\cdots,\boldsymbol{X}_k$,各学科的设计向量的维数为 $n_{X_1},n_{X_2},\cdots,$ n_{X_k},则有

$$
\left.\begin{array}{l}
\boldsymbol{X} \in \langle \boldsymbol{X}_1,\boldsymbol{X}_2,\cdots,\boldsymbol{X}_k \rangle \\
n_{X_1} + n_{X_2} + \cdots + n_{X_k} \geqslant n_X
\end{array}\right\}
\tag{2.3}
$$

不等式(2.3)的含义是:某些设计变量只与某一学科有关,而某些设计变量同时与几个学科有关,前者称为局部设计变量,后者称为全局设计变量。如对气动学科和结构学科而言,机翼展长就是全局设计变量,它既与气动有关,也与结构有关;而翼梁腹板厚度则只是结构学科的局部设计变量。

（2）$\boldsymbol{Y}$：状态变量

状态变量(state variable)是用于描述工程系统的性能或特征的一组参数。

由状态变量组成的向量共 n_Y 维,简称状态向量。若该设计问题涉及 k 个学科,且各学科的状态向量为 $\boldsymbol{Y}$ 的元素,分别为 $\boldsymbol{Y}_1,\boldsymbol{Y}_2,\cdots,\boldsymbol{Y}_k$,各学科的状态向量的维数为 $n_{Y_1},n_{Y_2},\cdots,n_{Y_k}$,则有

$$
\left.\begin{array}{l}
\boldsymbol{Y} \in \langle \boldsymbol{Y}_1,\boldsymbol{X}_2,\cdots,\boldsymbol{X}_k \rangle \\
n_{Y_1} + n_{Y_2} + \cdots + n_{Y_k} = n_Y
\end{array}\right\}
\tag{2.4}
$$

等式(2.4)意味着各学科的状态向量之间没有重叠部分,这是由于各学科的研究范围不同,这与实际情况是一致的。

（3）$\boldsymbol{C}$：约束条件

约束条件(constraint)是系统在设计过程中必须满足的条件,可分为等式约束和不等式约束。

由约束条件组成的向量共 n_C 维,简称约束向量。若该设计问题涉及 k 个学科,各学科的约束向量为 $\boldsymbol{C}$ 的元素,分别为 $\boldsymbol{C}_1,\boldsymbol{C}_2,\cdots,\boldsymbol{C}_k$,各学科的约束向量的维数分别为 $n_{C_1},n_{C_2},\cdots,$ n_{C_k},则有

$$\left.\begin{array}{r} C \in \{C_1, C_2, \cdots, C_k\} \\ n_{C_1} + n_{C_2} + \cdots + n_{C_k} = n_C \end{array}\right\} \qquad (2.5)$$

与状态向量一样,各学科的约束之间一般也没有重叠部分。

(4) A:状态方程组

状态方程组表明了设计对象的内在物理规律。当设计向量给定时,设计对象的状态就确定了。

2. MDO 的概念

下面以式(2.1)和式(2.2)所列的设计问题为例,对飞行器 MDO 中的一些概念作如下说明。

(1) 设计向量与状态向量

设计向量是独立的,是最终需要得到的设计结果,设计者可以直接控制设计向量;状态向量不是独立的,它是设计向量的函数,反映了设计对象在某一方面的内在物理性质,为了求解优化问题,必须计算这些状态向量。如对飞机机翼的设计,最终需要得到的是机翼的外形参数和结构参数,如机翼展长、后掠角、梁腹板厚度等,由这些变量组成了设计向量。在求解这些设计向量最优解的过程中,必须计算出飞机的升力和结构应力,升力和应力就是状态向量,它是设计变量的函数,反映了飞机的气动和结构特性。

(2) 状态方程组与系统的内在性能

状态方程组(2.2)代表了设计对象的内在物理特性,设计对象所满足的一系列物理规律都由状态方程组来体现。

(3) 系统分析与系统设计

前面已说明,状态变量是设计变量的函数,在式(2.2)中,当设计变量 X 的值确定时,满足式(2.2)的状态变量 Y 的值也就确定了。例如在一个特定的飞行状态下,当机翼的设计变量如外形参数和结构参数确定时,其对应的状态变量如升力和结构应力也就确定了。由一个特定的设计变量 X 确定相应的状态变量 Y 的过程就称为系统分析,在数学上,实际就是求解式(2.2)所列的一个状态方程组的过程。在多学科设计优化的计算中,系统分析包括了不同的学科,需要用到各学科相应的计算模型、分析方法及计算软件,必须通过数值方法,多次迭代至收敛。这种系统分析称为"多学科分析"MA(Multi-disciplinary Analysis)。

系统设计是在系统分析的基础上进行的,系统分析是在给定一种设计变量之后求解出系统的性能,而系统设计是要求解出满足性能要求的最优设计变量。要使设计目标达到最优,必须进行系统优化,而为了完成系统设计又必须首先解决系统分析问题,没有准确的系统分析,系统设计无从谈起。

(4) 学科分析

系统分析涉及不同的学科,需要用到各学科相应的计算模型、分析方法及计算软件,这是学科分析研究的内容。如气动模型的建立及 CFD 计算,结构模型的建立及有限元计算等。在式(2.2)所列的方程组中,每一个方程就代表了一个学科分析。在实际的飞行器设计问题中,每一次学科分析的计算量都十分可观,因此,有时又将学科分析称为贡献分析 CA(Contribution Analysis)。

(5) 一致性设计

一致性设计(consistent design)指的是有这样一组设计变量和状态变量,它们满足系统分析所代表的系统所有学科间的关系,即满足式(2.2)所列的关系。并不是任意给定的一组设计变量和状态变量都是一致性设计,例如当飞机的其他参数确定时,任意给定一组发动机参数和飞行速度就有可能导致在给定速度下发动机不能提供足够的动力,或者动力太大,使飞机不能正常平稳飞行。

（6）可行性设计

可行性设计(feasible design)指的是当设计变量和状态变量满足一致性要求后,还要满足设计的约束要求,即满足式(2.1)中的约束要求。

（7）最优设计

最优设计(optimal design)是使目标函数最小或最大的可行性设计。

2.3　MDO 的三种基本类型

根据学科间的信息交流情况,可以提出三种飞行器 MDO 的学科之间的基本关系:耦合关系、信息单向传递关系和独立关系,并据此构成三种基本的飞行器多学科设计优化问题[3]。实际的飞行器设计问题无论包括多少个学科,学科之间的关系多么复杂,一般都可视为这三种基本类型的组合。搞清楚学科之间的关系有助于设计对象的建模分析,以及采用合适的优化策略。为了叙述方便,在后续论述中将上述三种类型分别称为一型、二型、三型问题。

对应三种类型的飞行器 MDO 问题的优化模型是一样的,即式(2.1)是通用的,它们的差别则体现在状态方程组(2.2)的具体形式上。

2.3.1　一型问题

一型问题的主要特点是:学科之间的信息交流是双向的,学科之间存在相互作用。通常所说的耦合关系指的就是这种相互作用。

一型问题的状态方程组是

$$
\boldsymbol{A}(\boldsymbol{X}, \boldsymbol{Y}) = \begin{bmatrix} a_1(\boldsymbol{X}, y_1, y_2, \cdots, y_{n_Y}) \\ a_2(\boldsymbol{X}, y_1, y_2, \cdots, y_{n_Y}) \\ \vdots \\ a_n(\boldsymbol{X}, y_1, y_2, \cdots, y_{n_Y}) \end{bmatrix} = \boldsymbol{0}
\tag{2.6}
$$

式(2.6)所描述的状态方程组一般是非线性的,在数学上,当 $\boldsymbol{X}$ 给定时,求解这样的非线性方程组只能采用迭代求解的方法。

在飞行器设计中这种耦合问题经常遇到,如对于涉及气动、结构两个学科的机翼设计,当考虑静气动弹性问题时,对该问题的系统分析可用图 2.1 表示。

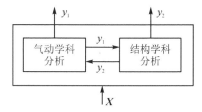

图 2.1　一型机翼设计问题中气动学科与结构学科之间的关系图

在图 2.1 中，$\boldsymbol{X}$ 表示设计变量，$\boldsymbol{Y}=[y_1 \quad y_2]$ 表示状态变量，其中 y_1 表示气动力，y_2 表示结构变形。

一型问题的状态方程组的数学描述可表示为

$$
\begin{cases}
y_1 = a_1(\boldsymbol{X}, y_2) & (2.7\text{a}) \\
y_2 = a_2(\boldsymbol{X}, y_1) & (2.7\text{b})
\end{cases}
$$

从图 2.1 及式(2.7)可以看出，气动学科和结构学科通过状态变量相互影响，气动学科的气动力造成结构学科的结构变形，而结构学科的结构变形又影响了气动学科的气动力，要想最终解决由这两个学科形成的一个机翼设计问题，求解状态方程组(2.7)是一个必要条件。

通常所说的"解耦"在数学上指的就是求解式(2.7)所列的状态方程组。

2.3.2　二型问题

二型问题在学科之间通过状态变量也存在着相互作用，但这种作用是单向的，相对一型问题而言，结构更清晰。

二型问题的状态方程组为

$$
\boldsymbol{A}(\boldsymbol{X}, \boldsymbol{Y}) =
\begin{bmatrix}
a_1(\boldsymbol{X}, y_1) \\
a_2(\boldsymbol{X}, y_1, y_2) \\
\vdots \\
a_n(\boldsymbol{X}, y_1, y_2, \cdots, y_{n_Y})
\end{bmatrix} = \boldsymbol{0}
\tag{2.8}
$$

在一型问题中，学科之间通过状态变量的影响是双向的。而二型问题的特点是学科之间的信息流动是按顺序进行的，相互之间通过状态变量的影响是单向的。在数学上，一型问题的状态方程组(2.7)必须迭代求解，而二型问题的状态方程组(2.8)则可以按照方程组中方程的顺序求解，计算的复杂度和计算量都相对较小。

在飞行器设计中也能遇到这样的情况，即在与一型问题一样同样需要考虑气动和结构两个学科的机翼设计中，当不考虑结构变形对气动的影响时，这就是一个二型问题，该问题的系统分析如图 2.2 所示。

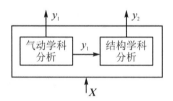

图 2.2　二型机翼设计问题中气动学科与结构学科之间的关系图

二型问题的状态方程组的数学描述可表示为

$$
\begin{cases}
y_1 = a_1(\boldsymbol{X}) & (2.9\text{a}) \\
y_2 = a_2(\boldsymbol{X}, y_1) & (2.9\text{b})
\end{cases}
$$

从图 2.2 及式(2.9)可以看出，气动学科通过其状态变量(气动力 y_1)来影响结构学科的状态变量(结构变形 y_2)，当不考虑结构变形对气动力的影响时，这种关系是单向的，即结构学科不影响气动学科。对于方程组(2.9)，当 $\boldsymbol{X}$ 确定时，可以先求解式(2.9a)，将得到的结果 y_1 代入式(2.9b)，再解出 y_2，而不需要迭代，这比求解方程组(2.7)相对容易。

2.3.3　三型问题

对于三型问题,各学科是独立的,不存在相互影响,设计者仅仅通过优化模型中的约束变量在学科之间进行权衡求解。

三型问题的状态方程组为

$$A(\boldsymbol{X},\boldsymbol{Y}) = \begin{bmatrix} a_1(\boldsymbol{X},y_1) \\ a_2(\boldsymbol{X},y_2) \\ \vdots \\ a_n(\boldsymbol{X},y_{n_Y}) \end{bmatrix} = \boldsymbol{0} \tag{2.10}$$

考虑一个气动和隐身两个学科的飞行器设计,这是一个三型问题,该问题的系统分析如图 2.3 所示。

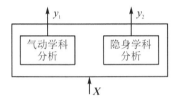

图 2.3　三型机翼设计问题中气动学科与隐身学科之间的关系图

在图 2.3 中,$\boldsymbol{X}$ 表示设计变量,$\boldsymbol{Y} = \begin{bmatrix} y_1 & y_2 \end{bmatrix}$ 表示状态变量,其中 y_1 表示升阻比,y_2 表示雷达散射截面 RCS(Radar Cross Section)。

三型问题的状态方程组的数学描述可表示为

$$\begin{cases} y_1 = a_1(\boldsymbol{X}) & \text{(2.11a)} \\ y_2 = a_2(\boldsymbol{X}) & \text{(2.11b)} \end{cases}$$

从图 2.3 及式(2.11)可以看出,当给定一组设计变量 $\boldsymbol{X}$ 之后,气动学科和隐身学科各自分别计算本学科的状态变量 y_1、y_2,相互之间互不关联,在数学上则表现在式(2.11)中,其中的式(2.11a)与式(2.11b)可以并行求解。

需要说明的是,对于三型问题,尽管学科之间是相互独立的,但这并不意味着学科之间没有任何联系,可以独立进行设计,此处的"独立"仅仅指的是学科之间不存在状态变量(即耦合状态变量)信息的交流,而设计变量仍然同时影响着所有学科,如设计变量中的外形参数对气动学科的状态变量(升阻比)和隐身学科的状态变量(RCS)都有影响,由这两个独立学科组成的机翼系统仍然是一个有机整体,仍然需要用全局的多学科的观点进行设计。

2.4　MDO 的主要研究内容

多学科设计优化的一项基本任务是研究设计对象的学科组成及学科之间的相互关系,此项任务可以作为实施多学科分解并进行优化计算的前提。

1. 系统分解的方式

系统分解的方式有以下几种:

① 按实际的物理部件分解,如机身、机翼、起落架、液压系统、燃油系统、控制系统等。

② 按涉及的某一学科领域分解,如气动学、结构学、隐身学、性能学等。

③ 混合分解,包括学科领域与物理部件两个方面的分解。

2. 设计对象各学科的建模与分析

系统设计建立的基础是系统分析,而进行系统分析的前提是建立合适的系统数学模型。

飞行器这样的系统相对比较复杂,建立合适的数学模型难度较大。因为飞行器设计涉及的每个学科,如结构学科的固体力学、气动学科的空气动力学等,其形成的研究领域相对独立。此外,每一学科本身还可分解为更细的子学科,例如空气动力学可以分解为低速空气动力学、高速空气动力学、粘性空气动力学等,相应的分析方法也是如此。无论是各学科数学模型的建立与相应的学科分析,还是学科之间关系模型的建立与信息交流,时间和计算成本都较高。仅以气动学科为例,飞行器气动分析模型的建立与CFD计算的时间和计算成本都十分巨大。

3. 多学科设计优化策略

多学科设计优化策略是多学科设计优化研究的一项重要内容。与寻优算法的含义不同,多学科设计优化策略中的寻优算法属于优化理论研究领域,往往从设计问题本身入手,从信息组织与设计计算结构的角度来研究问题。多学科设计优化策略基于具体的寻优算法,提出了一种设计计算框架,以结合设计对象各学科的知识与具体的寻优算法,形成一套解决复杂对象的有效优化求解方法。

在多学科设计优化中,将各学科分析与设计空间寻优之间直接建立联系具有较大的难度,所以近似处理很有必要。在工程系统的优化设计中,局部近似是较为常用的近似方法,如对设计对象在某一设计点附近进行线性近似。除了局部近似外,全局近似也是在多学科设计优化中常用的近似处理方法,即在整个设计空间中近似处理设计对象。在工程实际中,解决问题的关键往往是恰当的近似方法,尤其在飞行器设计的初期,恰当的近似方法尤为重要。

目前,多学科设计优化策略是:先进行各学科(各子系统)的并行优化,然后再进行系统级优化,以解决所谓的系统级与学科级优化协调的问题。多学科设计优化策略研究的重点在于各学科优化模型的采用,系统级与学科级之间的信息传递,以及如何进行系统级协调。

4. 寻优算法

从根本上讲,多学科设计优化问题在数学上还是一个优化问题,因此优化算法同样具备研究价值。在确定了多学科设计优化的近似模型、计算结构、协调算法等之后,需要选取寻优算法。目前,从经典的线性规划和非线性规划发展到了现代优化算法,如遗传算法、模拟退火算法、禁忌搜索算法等,寻优算法不仅在理论研究上取得了长足的发展,而且还广泛应用于大型工程问题。下面章节将对这些现代寻优算法进行详细介绍。

5. 并行计算的分布式计算机网络环境

为了最大限度地提高具有并行结构的多学科设计优化算法的效率,有必要建立并行计算的分布式计算机网络环境。针对特定的飞行器设计问题,在并行的环境中,将各学科的分析软件集成到设计优化的计算整体中仍需要做大量工作。

6. 面向设计的分析

在现代工程设计中,"如果……会……?"这样的问题往往是设计人员需要回答的。因此,设计工具需要有一些特殊的功能,例如,在近似的分析与相对精确的复杂分析之间能够"智能"

地进行选择,在需要重新分析时能够"智能"地分析有改变的部分,并且能够获得输出对输入的敏感度等。应该说,面向设计的分析对所有的设计问题都存在这样的要求,而不仅是多学科设计优化所特有的要求。在此把它单独列出来,是为了对多学科设计优化有一个系统的描述。

7. 多学科设计优化软件系统

一切好的算法的最终实现者都是人,而且这需要一个软件系统来支持完成它。好的内容还需要有好的形式载体,即方便的使用功能,良好的人机界面。此外,能够对设计过程中的大量数据进行可视化处理等也是很重要的方面,这些甚至与核心算法部分同等重要。

2.5 设计对象系统分解技术

与前面的设计对象分解的目的及方式衔接,本节重点探讨设计对象系统分解的主要内容。通过改变多学科设计优化问题的结构,使其在改进性能的同时减少复杂性,以此提高优化效率,这就是系统分解的思想。该技术将系统分为多个子系统,在相对独立的环境中,每个子系统都可以实现分析、并行处理和优化。设计结构矩阵,以及系统分析过程的优化、分解和协调方法是系统分解技术的主要内容。各学科之间的相互影响和耦合作用,在进行系统分解之前必须充分考虑。目前,设计结构矩阵 DSM(Design Structure Matrix)被较多地用来表述系统分析的过程[4],体现学科之间的相互影响和耦合作用。

图 2.4 所示为一个三学科耦合系统,表明了三学科之间的相互关系。其中 x 和 x_i 分别是全局设计变量和局部设计变量,g_i 和 f_i 分别是学科 i 模型的约束和目标函数,$y_{ij}(i \neq j)$ 是学科 i 输出到学科 j 的耦合函数。

图 2.5 所示为三学科耦合系统的设计结构矩阵,整个系统的分析由左上角向右下角依次进行,每个学科的分析都由矩阵对角线上的一个矩形框代表。矩形框上下两方向的垂直线段表示信息输入,矩形框左右两方向的水平线段表示学科分析的输出;一个学科的输出为另一个学科提供输入则表示为垂直线段与水平线段交叉处的黑点,这种学科之间设计信息的相互传递与作用形成了耦合关系。

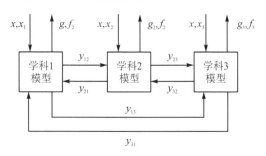

图 2.4 三学科耦合系统

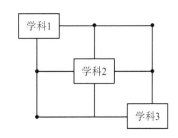

图 2.5 三学科耦合系统的设计结构矩阵

由图 2.5 可见,每一对通过黑点连接起来的垂直线段和水平线段构成了信息环。位于对角线右上方的信息环代表设计信息前馈,位于对角线左下方的信息环代表设计信息反馈,同一层的前馈、反馈和子系统(学科)分析构成了一个设计回路。同时可以看出,学科 1、学科 2、学科 3 之间存在较强烈的耦合效应。

多学科分析过程中的信息交换以及学科之间复杂的耦合关系可以通过设计结构矩阵来直观地简化。对所含学科并非完全耦合的复杂系统的分析过程进行优化,可以减少设计结构矩阵中的反馈环节,降低系统分析的耦合程度,减少计算成本并缩短计算时间,更好地为系统分解服务。

MDO 的分解方法大致分为两类:层次分解和非层次分解,原因是 MDO 的分解涉及学科与系统的分析以及系统级与学科级的优化与协调。

图 2.6 所示为层次分解方法。在该分解过程中,同级子系统之间不发生信息交换,信息只在上下级子系统之间进行传递,因此同一级的分析与优化可以并行完成;每个子系统可以有多个下级子系统,但上级子系统只有一个;系统控制信息由上级子系统提供,而反馈信息则由下级子系统提供。最优设计达到的时刻是每一级子系统都收敛且系统也收敛的时刻。但当所要优化的工程系统的子系统高度耦合时,就只能选择非层次分解而不能进行层次分解了。

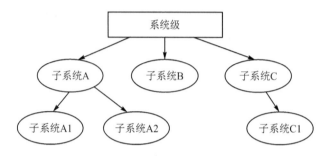

图 2.6　层次分解方法

图 2.7 所示为非层次分解方法。非层次分解的最大优点就是充分体现系统中的耦合现象,这一点在各个子系统之间的信息交换中体现出来。

子系统相对独立的优化分析开始于分解技术实施后,但最终为了保证子系统之间的关系要在优化完成后又能够恢复,则需要对子系统进行协调。协调的方法有多种,其中一致性约束方法采用得较多,

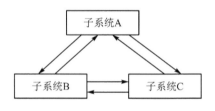

图 2.7　非层次分解方法

即通过一致性约束来代替子系统(学科)之间的联系,以便消除因学科之间相对独立分析造成的学科之间耦合关系的差异,使得学科之间的耦合变量能够兼容。

参考文献

[1] Giesing Joseph P, Barthelemy J M. A Summary of Industry MDO Applications and Needs[C]//AIAA. An AIAA White Paper, 7th AIAA/USAF/NASA/ISSMO Symposium on Multidisciplinary Analysis and Optimization. Washington, D. C.: American Institute of Aeronautics and Astronautics, Inc, 1988.

[2] 王振国,陈小前,罗文彩,等. 飞行器多学科设计优化理论与应用研究[M]. 北京:国防工业出版社,2006.

[3] 李响. 多学科设计优化及其在飞行器设计中的应用[D]. 西安:西北工业大学,2003.

[4] Steward D V. System Analysis and Management[M]. Royersford：Petrocelli Books，1981.

习　　题

1. 请给出至少三种 MDO 的定义。根据你的理解，MDO 该如何定义？

2. 多学科设计优化中，什么是学科分析？什么是系统分析？

3. 什么是多学科设计优化的状态变量？状态变量和耦合状态变量之间有什么区别？

4. 试写出 MOD 的三种基本类型的状态方程组，并阐述每种类型在学科之间的关系。

5. MDO 的主要研究内容是什么？

6. 层次系统与非层次系统之间有什么区别？系统的分类与飞行器多学科设计优化之间有什么关系？

第 3 章 优化的基本概念及其数学描述

3.1 优化的三要素

目标函数能够定量地比较两种设计方案的"好坏程度"——假设考虑目标最小化。需要以数值方式估计此度量,如果选择了错误的目标,那么分析的好坏和优化的效果都无关紧要了。因此,选择一个好的目标函数很重要。但选择一个好的目标函数不是一件容易的事,且经常被忽视,即便对于有经验的工程师也是如此。目标函数可以是线性的或非线性的,也可以是显式的或隐式的。这里将目标函数表示为 f。

设计变量有时也称为设计参数,通常用向量 $\boldsymbol{X}$ 表示,它们是在设计过程中可以被设计者控制的一组参数。设计优化就是选择最佳设计对应的设计变量。设计变量必须是彼此相对独立的,它们可以是连续的或离散的。

几乎没有任何实际工程优化问题是没有约束条件的,对设计变量的约束称为设计约束。类似于目标函数,设计约束可以是线性的或非线性的,也可以是显式的或隐式的。设计约束包含等式约束和不等式约束。

目标函数、设计变量及设计约束构成了如下形式的优化问题:

$$\left.\begin{array}{ll} \min & f(\boldsymbol{X}) \\ & \boldsymbol{X} \in \mathbf{R}^n \\ \text{s.t.} & \hat{c}_j(\boldsymbol{X}) = 0, \quad j = 1, 2, \cdots, \hat{m} \\ & c_k(\boldsymbol{X}) \geqslant 0, \quad k = 1, 2, \cdots, m \end{array}\right\} \quad (3.1)$$

式中,$\hat{c}$ 表示等式约束向量,通常是关于设计变量的非线性函数,如升力、阻力等;c 表示不等式约束向量,通常可能是非线性或隐式的形式,如结构应力等。

3.2 线性规划

首先通过一个算例给出线性规划的一般表达式及其求解方法。

例 3.1 加工一种混料系统,该混料由原料 1、原料 2 和原料 3 组成,在各种原料中 N_1、N_2、N_3 三种成分所占的比例及成本如表 3.1 所列,问三种原料的比例各是多少才能使之既满足成分要求,又使成本最低?

表 3.1 混料系统成分占比及成本情况

原 料	成 分			成本/
	N_1	N_2	N_3	（元·kg^{-1}）
1	0.06	0.02	0.09	15
2	0.03	0.04	0.05	12
3	0.04	0.01	0.03	8

解：假设原料 1 占 x_1 份，原料 2 占 x_2 份，原料 3 占 x_3 份，则有

$$x_1 + x_2 + x_3 = 1$$

由表 3.1 可知存在下面的约束条件：

$$N_1 = 0.06x_1 + 0.03x_2 + 0.04(1 - x_1 - x_2) \geqslant 0.04$$
$$N_2 = 0.02x_1 + 0.04x_2 + 0.01(1 - x_1 - x_2) \geqslant 0.02$$
$$N_3 = 0.09x_1 + 0.05x_2 + 0.03(1 - x_1 - x_2) \geqslant 0.07$$
$$x_1 \geqslant 0, \quad x_2 \geqslant 0, \quad 1 - x_1 - x_2 \geqslant 0$$

化简后，有

$$2x_1 - x_2 \geqslant 0$$
$$x_1 + 3x_2 \geqslant 1$$
$$3x_1 + x_2 \geqslant 2$$
$$x_1 \geqslant 0, \quad x_2 \geqslant 0, \quad 1 - x_1 - x_2 \geqslant 0$$

使混料成本最低的目标函数为

$$\min f(\boldsymbol{X}) = 15x_1 + 12x_2 + 8(1 - x_1 - x_2) = 7x_1 + 4x_2 + 8$$

下面利用图解法求解上述问题。如图 3.1 所示，通过约束条件可以先绘制该问题的可行域 $\boldsymbol{R}$，即图 3.1 中的阴影部分，该部分是由 A、B、C 三个点构成的三角形；然后做目标函数 $f(\boldsymbol{X})$ 的等高线，即图 3.1 中的 $f(\boldsymbol{X}) = 10$，当目标函数值变大时，该线平行向右移动，在移动过程中首先与可行域中的 B 点相交，由于 B 点属于可行域，因此该点即为最优点。

由图 3.1 可知，最优点 B 为 $x_1 + 3x_2 = 1$ 及 $3x_1 + x_2 = 2$ 这两条直线的交点，联立方程组即可求出点 B 的坐标为

$$x_1 = \frac{5}{8}$$
$$x_2 = \frac{1}{8}$$

进而可求出

$$x_3 = 1 - x_1 - x_2 = \frac{2}{8}$$

此时，目标函数值最小，为

$$f(\boldsymbol{X}) = 12.88$$

因此，原料 1、原料 2 和原料 3 按照 $\frac{5}{8}$、$\frac{1}{8}$、$\frac{2}{8}$ 的比例进行混合可以满足成分要求，同时成本最低。

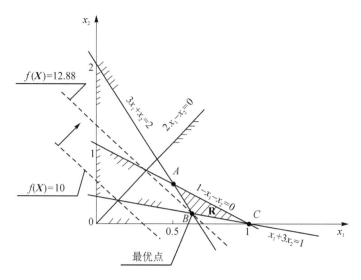

图 3.1　图解法求解过程

例 3.1 中的目标函数和约束条件均为线性函数,故称为线性规划,这是最简单的优化问题。线性规划的一般数学表达式如下:

- 目标函数为

$$\min f(\boldsymbol{X}) = c_1 x_1 + c_2 x_2 + \cdots + c_n x_n \tag{3.2}$$

- 约束条件为

$$\left.\begin{aligned}
a_{11} x_1 + a_{12} x_2 + \cdots + a_{1n} x_n &\leqslant b_1 \\
a_{21} x_1 + a_{22} x_2 + \cdots + a_{2n} x_n &\leqslant b_2 \\
&\vdots \\
a_{m1} x_1 + a_{m2} x_2 + \cdots + a_{mn} x_n &\leqslant b_m \\
x_1, x_2, \cdots, x_n &\geqslant 0
\end{aligned}\right\} \tag{3.3}$$

注意到式(3.3)是一组包括不等式的线性方程组,不等号可以是小于或等于,也可以是大于或等于,同时每一个不等式都可以通过添加或减掉非负的变量而变为等式约束。这样,就可以将不等式约束条件变为等式约束条件。

如果引入与不等式数量相等的变量 $x_{n+1}, x_{n+2}, \cdots, x_{n+m}$,那么式(3.3)就可以写为如下等式形式:

$$\left.\begin{aligned}
a_{11} x_1 + a_{12} x_2 + \cdots + a_{1n} x_n + x_{n+1} &= b_1 \\
a_{21} x_1 + a_{22} x_2 + \cdots + a_{2n} x_n + x_{n+2} &= b_2 \\
&\vdots \\
a_{m1} x_1 + a_{m2} x_2 + \cdots + a_{mn} x_n + x_{n+m} &= b_m \\
x_1, x_2, \cdots, x_n, x_{n+1}, x_{n+2}, \cdots, x_{n+m} &\geqslant 0
\end{aligned}\right\} \tag{3.4}$$

目标函数为

$$\min f(\boldsymbol{X}) = c_1 x_1 + c_2 x_2 + \cdots + c_n x_n + c_{n+1} x_{n+1} + \cdots + c_{n+m} x_{n+m} \tag{3.5}$$

式中,$c_{n+1} = c_{n+2} = \cdots = c_{n+m} = 0$。

此外,目标函数既可以求最小值,也可以求最大值,两者本质相同,采用的优化方法也相同,且两者之间可以相互转换。

由例 3.1 可知,对于仅有两个变量的线性规划问题尚可用图解法求解,而对于多个变量的情况,就无法用图解法了,而采用常用的单纯形法。有关单纯形法的基本概念和算法,后续章节会详细探讨。

3.3　非线性规划

线性规划要求目标函数和约束函数都是线性的,那么只要目标函数或约束函数有一个是非线性的,该优化问题就是非线性规划问题。事实上,在飞行器多学科优化设计中所面临的问题基本上都是非线性规划问题。

下面用一个简单的例子来说明非线性规划问题中目标函数与约束函数之间的关系。

例 3.2　已知非线性目标函数
$$\min f(\boldsymbol{X}) = x_1^2 + x_2^2 - 4x_1 + 4$$
满足非线性不等式约束
$$x_1 - x_2 + 2 \geqslant 0$$
$$-x_1^2 + x_2 - 1 \geqslant 0$$
$$x_1 \geqslant 0$$
$$x_2 \geqslant 0$$
求最优解 $\boldsymbol{X}^* = \begin{bmatrix} x_1^* & x_2^* \end{bmatrix}$。

解: 该非线性规划问题依然采用图解法求解。目标函数 $f(\boldsymbol{X})$ 为三维空间的曲面函数,如果用一组平行于 $x_1 O x_2$ 面的平面与其相交,则两者的交线在 $x_1 O x_2$ 面上的投影称为 $f(\boldsymbol{X})$ 在 $x_1 O x_2$ 面上的等高线。$f(\boldsymbol{X}) = C$ 的值与等高线是一一对应的。取不同的 C 值,可以得到一组等高线。另外,可以将约束函数及其构成的可行域在 $x_1 O x_2$ 面上做投影,这样目标函数与可行域之间的关系就能显示出来,如图 3.2 所示。

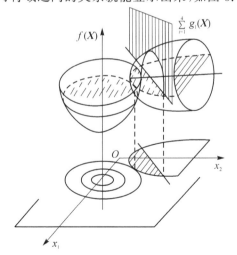

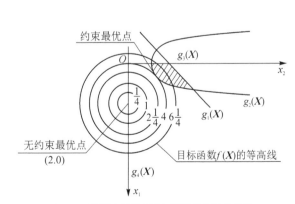

(a) 目标函数和约束条件在三维空间中的分布情况　　　　(b) $x_1 O x_2$ 平面中目标函数与可行域之间的关系

图 3.2　目标函数与约束函数的几何关系

由图 3.2 可知,尽管点(2,0)是目标函数在无约束条件下的极小值点,但点(2,0)在可行域的外面,所以不是目前约束条件下的最优问题的最优解。对应于 $C=3.8$ 的等高线与可行域的边界相切,切点(0.58,1.34)为所求最优点。

例 3.2 中的最优点在等高线与可行域的切点上,即在约束集的边界上。事实上,对于非线性规划问题,最优点有可能在约束边界上,也有可能在约束集的内部(见图 3.3 中的 $\boldsymbol{X}^*$)。此外,目标函数可能具有局部最优,即有多个极值点,且多个极值点的分布不同(如图 3.4 所示的 $f(\boldsymbol{X})=4$ 和 $f(\boldsymbol{X})=3$),有的在约束集的边界上,有的在约束集的内部,这就需要进行比较,最小的那一个即为全局最优解。

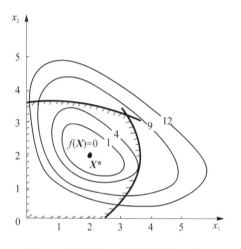

图 3.3 极值点不在约束集的边界上

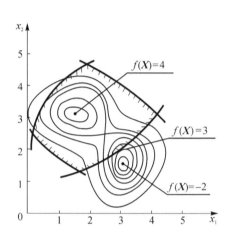

图 3.4 目标函数具有局部最优的情况

3.4 函数的极值及其性质

关于函数的极值问题在工科数学分析里已经学过,本节对一些基本概念作简要说明。通常情况下,求函数的最值需要先求函数的极值,通过对极值进行比较找出最值。

3.4.1 函数极值及极值点的概念

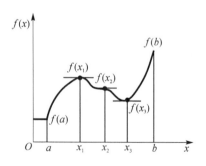

图 3.5 函数的极值及极值点

以二维一元函数为例,如图 3.5 所示,一元函数 $f(x)$ 定义在区间 $[a,b]$ 上,由工科数学分析的知识可知,x_1 和 x_3 分别为函数 $f(x)$ 的极大值点和极小值点,统称为极值点。$f(x_1)$ 和 $f(x_3)$ 相应地称为极值,分别为极大值和极小值。极值只是相对于某一点附近的区间而言的,具有局部性质,与最值不同;最值是相对于整个区间而言的,图 3.5 中的 $f(a)$ 和 $f(b)$ 称为最值,其中 $f(a)$ 是最小值,$f(b)$ 是最大值。一般而言,函数的极值不一定是最值。

3.4.2　一元函数极值存在的充分必要条件

设函数 $y=f(x)$ 在定义区间上可微,在 $x=x_0$ 点处有极值,那么函数极值存在的必要条件是

$$f'(x_0)=0 \tag{3.6}$$

由图 3.5 可知,$f'(x_1)=0$ 和 $f'(x_3)=0$。把一阶导数为零的点称为函数的驻点。极值点必是驻点,但驻点不一定是极值点。如图 3.5 中的 x_2 点所示,显然 $f'(x_2)=0$,但并非极值点,而是一驻点。为了确定驻点是否为极值点,可以利用函数的二阶导数来判断:

- 若在驻点附近,且

$$f''(x)<0 \tag{3.7}$$

则该点为极大值点。

- 若在驻点附近,且

$$f''(x)>0 \tag{3.8}$$

则该点为极小值点。以上就是函数极值点存在的充分条件。

需要注意的是,当 $f''(x)=0$ 时,驻点 $x=x_0$ 可能有极值,也可能没有极值,这时就要求出函数的更高阶导数来判断是否为极值。

3.4.3　多元函数极值存在的充分必要条件

定义 n 维空间中区域 $\mathbf{R}$ 中的 n 元函数 $f(\mathbf{X})$,向量 $\mathbf{X}$ 的分量 $x_1,x_2,\cdots,x_n$ 是函数的自变量。设 $\mathbf{X}_0$ 为 $\mathbf{R}$ 区域内的任意点,则函数 $f(\mathbf{X})$ 在 $\mathbf{X}_0$ 附近的泰勒展开式为

$$f(\mathbf{X})=f(\mathbf{X}_0)+\sum_{i=1}^{n}\frac{\partial f(\mathbf{X}_0)}{\partial x_i}\Delta x_i+\frac{1}{2}\sum_{i,j=1}^{n}\frac{\partial^2 f(\mathbf{X}_0)}{\partial x_i\partial x_j}\Delta x_i\Delta x_j+O(\Delta \mathbf{X}^3) \tag{3.9}$$

式中,$\Delta x_i=x_i-x_0(i=1,2,\cdots,n)$;$O(\Delta \mathbf{X}^3)$ 表示三阶以上的高阶无穷小量,当 $\Delta \mathbf{X}$ 很小时,该项可忽略不计。

将式(3.9)写为向量形式

$$f(\mathbf{X})\approx f(\mathbf{X}_0)+\mathbf{f}'(\mathbf{X}_0)^{\mathrm{T}}\Delta \mathbf{X}+\frac{1}{2}\Delta \mathbf{X}^{\mathrm{T}}\mathbf{C}\Delta \mathbf{X} \tag{3.10}$$

式中,$\mathbf{f}'(\mathbf{X}_0)=\left[\dfrac{\partial f(\mathbf{X}_0)}{\partial x_1}\quad\dfrac{\partial f(\mathbf{X}_0)}{\partial x_2}\quad\cdots\quad\dfrac{\partial f(\mathbf{X}_0)}{\partial x_n}\right]^{\mathrm{T}}$ 表示函数 $f(\mathbf{X})$ 在点 $\mathbf{X}_0$ 处的一阶偏导数,也称梯度 $\nabla f(\mathbf{X}_0)$。

而 $\mathbf{C}$ 为 n 阶对称矩阵,即

$$\mathbf{C}=\begin{bmatrix}\dfrac{\partial^2 f(\mathbf{X}_0)}{\partial x_1^2} & \dfrac{\partial^2 f(\mathbf{X}_0)}{\partial x_1\partial x_2} & \cdots & \dfrac{\partial^2 f(\mathbf{X}_0)}{\partial x_1\partial x_n} \\ \dfrac{\partial^2 f(\mathbf{X}_0)}{\partial x_2\partial x_1} & \dfrac{\partial^2 f(\mathbf{X}_0)}{\partial x_2^2} & \cdots & \dfrac{\partial^2 f(\mathbf{X}_0)}{\partial x_2\partial x_n} \\ \vdots & \vdots & & \vdots \\ \dfrac{\partial^2 f(\mathbf{X}_0)}{\partial x_n\partial x_1} & \dfrac{\partial^2 f(\mathbf{X}_0)}{\partial x_n\partial x_2} & \cdots & \dfrac{\partial^2 f(\mathbf{X}_0)}{\partial x_n^2}\end{bmatrix} \tag{3.11}$$

$\mathbf{C}$ 为 $f(\mathbf{X})$ 在点 $\mathbf{X}_0$ 处的二阶偏导数矩阵,有时也叫作 Hessian 矩阵。

n 元函数在 $\mathbf{R}$ 区域内的极值点 $\mathbf{X}_0$ 存在的必要条件为

$$f'(\boldsymbol{X}_0) = \nabla f(\boldsymbol{X}_0) = \boldsymbol{0} \tag{3.12}$$

满足式(3.12)的点称为驻点,但驻点不一定是极值点。式(3.12)仅是必要条件。要想判断驻点是否为极值点,还需研究极值存在的充分条件。

当 $\boldsymbol{X}_0$ 为驻点时,将式(3.12)代入式(3.10)得

$$f(\boldsymbol{X}) - f(\boldsymbol{X}_0) \approx \frac{1}{2} \Delta \boldsymbol{X}^{\mathrm{T}} \boldsymbol{C} \Delta \boldsymbol{X} \tag{3.13}$$

而若 $\boldsymbol{X}_0$ 为极小值点,则只要在点 $\boldsymbol{X}_0$ 附近有 $f(\boldsymbol{X}) - f(\boldsymbol{X}_0) > 0$,即

$$\Delta \boldsymbol{X}^{\mathrm{T}} \boldsymbol{C} \Delta \boldsymbol{X} > 0$$

或者说在点 $\boldsymbol{X}_0$ 处的 Hessian 矩阵是正定的即可,这就是 $\boldsymbol{X}_0$ 为极小值点的充分条件。

关于正定矩阵的定义及其性质在线性代数中已经学过,这里不再详细讨论。

3.5　最优解的收敛性

搜寻最优解 x^* 需要满足 $f'(x^*) = 0$,相当于求极值函数 $f'(x) = 0$ 的根。因此,方程求根的方法可以用来搜寻函数的极值。因为利用计算机器的精度很难找到 $f'(x) = 0$ 的精确根,所以通常会在一个闭区间 $[a, b]$ 上搜寻 x^*,且使 f 满足

$$f(a)f(b) < 0, \quad |a - b| < \varepsilon \tag{3.14}$$

式中,ε 是任意小的数。

假设有一系列点 $x^{(k)}(k = 1, 2, \cdots)$ 收敛于 x^*,则有

$$\lim_{k \to \infty} x^{(k)} = x^* \tag{3.15}$$

收敛率是一种度量,表示迭代方法收敛到最优解的速度。若一种迭代方法称为 r 阶收敛,r 是很大的整数,则其满足不等式

$$0 \leqslant \lim_{k \to \infty} \frac{|x^{(k+1)} - x^*|}{|x^{(k)} - x^*|^r} < \infty \tag{3.16}$$

对于收敛率为 r 的序列,渐进误差常数 γ 可表示为

$$\gamma = \lim_{k \to \infty} \frac{|x^{(k+1)} - x^*|}{|x^{(k)} - x^*|^r} \tag{3.17}$$

式(3.17)是理想的收敛条件,而通常极限是很难取到的,因此只需

$$|x^{(k+1)} - x^*| = \gamma |x^{(k)} - x^*|^r, \quad \forall k$$

r 越大,收敛速度越快。

如果 $r = 1$,则称为线性收敛,即 $|x^{(k+1)} - x^*| = \gamma |x^{(k)} - x^*|$。其收敛性的差异取决于 γ:

① 当 $\gamma \in (0, 1)$ 时,每次迭代过程中的误差范数以一个常数因子减小;

② 当 $\gamma = 0$ 时,是一种特殊情况,称为超线性收敛;

③ 当 $\gamma = 1$ 时,称为次线性收敛;

④ 当 $\gamma > 1$ 时,$x^{(k)}$ 序列发散。

如果 $r = 2$,则称为二次收敛,该序列收敛得很快且不依赖于 γ。例如,如果 $\gamma = 1$,初始误差 $|x^{(0)} - x^*| = 10^{-1}$,那么后面序列的误差就会变为 $10^{-1}, 10^{-2}, 10^{-4}, 10^{-8}, 10^{-16}$。

定义 $x^{(k)}$ 与最优解 x^* 的误差为 $|x^{(k)} - x^*|$,有时也使用归一化的形式 $\dfrac{|x^{(k)} - x^*|}{|x^{(k)}|}$。此

外,有时误差也可为 $\dfrac{\mid x^{(k)} - x^* \mid}{1 + \mid x^{(k)} \mid}$。

最优解 x^* 通常是不知道的,可以利用下式来监控算法的进度:

$$\frac{\mid x^{(k+1)} - x^{(k)} \mid}{1 + \mid x^{(k)} \mid} + \frac{\mid f(x^{(k+1)}) - f(x^{(k)}) \mid}{1 + \mid f(x^{(k)}) \mid}$$

3.6　用线搜索方法求方程的根

用线搜索方法类似于用单变量优化方法求一个变量的函数极值,其应用于 n 维空间中时不一定能找到精确的最小值。它是大多数基于梯度的优化方法中的重要部分。对于给定的一个搜索方向 $\boldsymbol{p}^{(k)}$ 及步长 $\alpha^{(k)}$,其线搜索方法产生的序列 $\boldsymbol{x}^{(k)}$ 为

$$\boldsymbol{x}^{(k+1)} = \boldsymbol{x}^{(k)} + \alpha^{(k)} \boldsymbol{p}^{(k)} \tag{3.18}$$

针对一些基于梯度的优化算法,首先寻找 $\boldsymbol{p}^{(k)}$,使其成为函数值下降的方向,即 $\boldsymbol{p}^{(k)\mathrm{T}} \boldsymbol{g}^{(k)} < 0$,其中 $\boldsymbol{g}^{(k)} = -\nabla f(x^{(k)})$ 表示 f 的负梯度,这样即可确保函数 f 沿着该方向逐步减小。其次确定计算步长 $\alpha^{(k)}$,使其满足函数 f 值减小,但又不能花费太多计算量。在理想情况下,沿着这条线的方向可以找到全局最小值,但这通常是不值得的,因为需要多次迭代。

典型的线搜索方法采用一系列步长,接受满足某些条件的第一个步长。常见的条件是要求出 $\alpha^{(k)}$ 的值,使 f 的值降低,即有

$$f(\boldsymbol{x}^{(k)} + \alpha^{(k)} \boldsymbol{p}^{(k)}) \leqslant f(\boldsymbol{x}^{(k)}) + \mu_1 \alpha^{(k)} \boldsymbol{g}^{(k)\mathrm{T}} \boldsymbol{p}^{(k)} \tag{3.19}$$

式中,μ_1 为很小的数,如 10^{-4}。

任何步长都要满足上述充分降低条件式(3.19)。为了防止步长过小,可以利用"曲率条件"

$$\boldsymbol{g}(\boldsymbol{x}^{(k)} + \alpha^{(k)} \boldsymbol{p}^{(k)})^{\mathrm{T}} \boldsymbol{p}^{(k)} \geqslant \mu_2 \boldsymbol{g}^{(k)\mathrm{T}} \boldsymbol{p}^{(k)}$$

式中,$\mu_1 \leqslant \mu_2 \leqslant 1$,$\boldsymbol{g}(\boldsymbol{x}^{(k)} + \alpha^{(k)} \boldsymbol{p}^{(k)})^{\mathrm{T}} \boldsymbol{p}^{(k)}$ 为 $f(\boldsymbol{x}^{(k)} + \alpha^{(k)} \boldsymbol{p}^{(k)})$ 关于 $\alpha^{(k)}$ 的导数。该曲率条件要求函数在新点处的斜率比起始点处的斜率大一定的量。

下面介绍一种求步长 $\alpha^{(k)}$ 的计算方法,它只需要满足下降条件,具体算法如下:

输入:$\alpha > 0, 0 < \boldsymbol{p}^{(k)} < 1$;

输出:$\alpha^{(k)}$

重复

　　$\alpha \leftarrow \boldsymbol{p}^{(k)} \alpha$

直到 $f(\boldsymbol{x}^{(k)} + \alpha \boldsymbol{p}^{(k)}) \leqslant f(\boldsymbol{x}^{(k)}) + \mu_1 \alpha \boldsymbol{g}^{(k)\mathrm{T}} \boldsymbol{p}^{(k)}$

　　$\alpha^{(k)} \leftarrow \alpha$

习　　题

1. 优化设计问题的三个要素是什么?结合你可能的研究方向,给出一个优化设计问题的例子,并分别说明三个要素的具体内容。

2. 请给出 MDO 问题的数学表达式,并叙述其含义。

3. 局部最优组合为全局最优需要满足哪些条件?一般系统中的局部最优组合为非全局最优的原因有哪些?

第4章 基于梯度的优化方法

第3章介绍了单变量函数的求根方法,本章考虑多个设计变量的情况。针对无约束优化问题

$$\left.\begin{array}{c} \min \quad f(\boldsymbol{X}) \\ \boldsymbol{X} \in \mathbf{R}^n \end{array}\right\} \tag{4.1}$$

式中,$\boldsymbol{X}$ 表示 n 维向量,即 $\boldsymbol{X}=(x_1,x_2,\cdots,x_n)^{\mathrm{T}}$,函数 f 在非线性连续情况下一阶可导,在某些情况下二阶可导。

4.1 基于梯度的优化方法简介

基于梯度的优化方法是将目标函数的负梯度作为寻优的搜索方向。当设计变量很多时,基于梯度的优化方法更有效。该方法需要满足两个假设条件:无约束和函数光滑。该优化方法的基本步骤如下:

输入:初始值 $\boldsymbol{x}^{(0)}$

输出:最优解 $\boldsymbol{x}^*$

$k \leftarrow 0$

当不满足收敛条件时,**开始循环**

   计算搜索方向 $\boldsymbol{p}^{(k)}$

   确定步长 $\alpha^{(k)}$,使其满足 $f(\boldsymbol{x}^{(k)}+\alpha^{(k)}\boldsymbol{p}^{(k)}) \leqslant f(\boldsymbol{x}^{(k)})$

   更新设计变量:$\boldsymbol{x}^{(k+1)} \leftarrow \boldsymbol{x}^{(k)}+\alpha^{(k)}\boldsymbol{p}^{(k)}$

   $k \leftarrow k+1$

结束循环

给定函数 f 的梯度为

$$\nabla f(\boldsymbol{X})=\boldsymbol{g}(\boldsymbol{X})=\begin{bmatrix} \dfrac{\partial f}{\partial x_1} \\[2mm] \dfrac{\partial f}{\partial x_2} \\[1mm] \vdots \\[1mm] \dfrac{\partial f}{\partial x_n} \end{bmatrix} \tag{4.2}$$

在多元情况下,梯度向量表示垂直于超平面切线的等高线表面。

n 维二阶可导函数 f 的 Hessian 矩阵可表示为

$$\nabla^2 f(\boldsymbol{X}) = \boldsymbol{H}(\boldsymbol{X}) = \begin{bmatrix} \dfrac{\partial^2 f}{\partial^2 x_1} & \cdots & \dfrac{\partial^2 f}{\partial x_1 \partial x_n} \\ \vdots & & \vdots \\ \dfrac{\partial^2 f}{\partial x_n \partial x_1} & \cdots & \dfrac{\partial^2 f}{\partial^2 x_n} \end{bmatrix} \tag{4.3}$$

下面介绍几种常用的基于梯度的优化方法。

4.2　最速下降法

最速下降法(method of steepest descent)是一种利用函数梯度和极值的性质,结合数值计算方法而形成的一种寻找局部极值的方法。

原理:由于任一点的负梯度方向是函数值在该点下降最快的方向,因此利用负梯度作为极值搜索方向,以达到搜索区间最速下降的目的。而由极值点的导数性质可知,该点的梯度等于 0,故其终止条件就是梯度逼近 0,也就是当搜索区间非常逼近极值点的时候。该方法是一种局部极值搜寻方法。

基本思想:任一点的负梯度方向是函数值在该点下降最快的方向(见图 4.1)。因为是将 n 维问题转化为一系列沿负梯度的方向,用一维搜索方法寻优的问题,并利用负梯度作为搜索方向,故称该优化方法为最速下降法或梯度法。

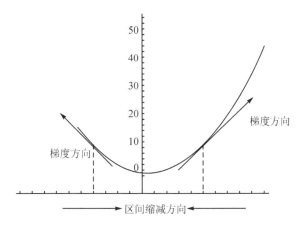

图 4.1　函数梯度方向

收敛准则: $\|\nabla f(\boldsymbol{x}^{(k)})\| \leqslant \varepsilon$,其中 ε 为任意小的正数。

具体优化方法的步骤如下。

对于要求解的问题 $\min\limits_{\boldsymbol{X} \in \mathbf{R}^n} f(\boldsymbol{X})$, $f \in \mathbf{C}^1$:

① 选定初始点 $\boldsymbol{x}^{(1)}$ 和给定精度要求 $\varepsilon > 0$,并令 $k = 1$。

② 若 $\|\nabla f(\boldsymbol{x}^{(k)})\| \leqslant \varepsilon$,则停止, $\boldsymbol{x}^* = \boldsymbol{x}^{(k)}$;否则,令 $\boldsymbol{d}^{(k)} = -\nabla f(\boldsymbol{x}^{(k)})$。

③ 在 $\boldsymbol{x}^{(k)}$ 处沿方向 $\boldsymbol{d}^{(k)}$ 作线搜索得 $\boldsymbol{x}^{(k+1)} = \boldsymbol{x}^{(k)} + \alpha^{(k)} \boldsymbol{d}^{(k)}$, $k = k+1$,返回②,其中 $\alpha^{(k)} = \arg\min f(\boldsymbol{x}^{(k)} + \alpha \boldsymbol{d}^{(k)})$,于是有

$$\left. \frac{\mathrm{d}f(\boldsymbol{x}^{(k)} + \alpha \boldsymbol{d}^{(k)})}{\mathrm{d}\alpha} \right|_{\alpha = \alpha^{(k)}} = \boldsymbol{d}^{(k)\mathrm{T}} \nabla f(\boldsymbol{x}^{(k+1)}) = 0 \tag{4.4}$$

式(4.4)表明方向 $\boldsymbol{d}^{(k)}$ 和方向 $\boldsymbol{d}^{(k+1)}$ 是正交的。

最速下降法的特点是：

① 初始点可任选,每次迭代的计算量小,存储量少,程序简短。即使从一个不好的初始点出发,经过开始的几步迭代,目标函数值下降很快,但最终都慢慢逼近局部极小值点。

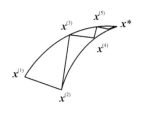

图 4.2　最速下降法求解的搜索方向

② 任意相邻两点的搜索方向是正交的,其迭代路径为绕道逼近极小值点。当迭代点接近极小值点时,步长变得很小,越走越慢,如图 4.2 所示。

例 4.1　试用最速下降法求 $f(x_1,x_2)=x_1^2+4x_2^2$ 的极小值。迭代两次,计算各迭代点的函数值、梯度及其模,并验证相邻两个搜索方向是正交的。

解：设初始点为 $\boldsymbol{x}^{(0)}=(1,1)^{\mathrm{T}}$,由于

$$\nabla f(x_1,x_2)=\begin{bmatrix}2x_1\\8x_2\end{bmatrix}$$

则有

$$\nabla f(\boldsymbol{x}^{(0)})=(2,8)^{\mathrm{T}}$$
$$\|\nabla f(\boldsymbol{x}^{(0)})\|=8.246\ 21$$
$$\boldsymbol{d}^{(0)}=-\nabla f(\boldsymbol{x}^{(0)})=(-2,-8)^{\mathrm{T}}$$
$$\boldsymbol{x}^{(1)}=\boldsymbol{x}^{(0)}+\alpha^{(0)}\boldsymbol{d}^{(0)}$$

式中,$\alpha^{(0)}$ 由 $\min f(\boldsymbol{x}^{(0)}+\alpha\boldsymbol{d}^{(0)})=\min(1-2\alpha)^2+4(1-8\alpha)^2$ 决定,利用必要条件

$$\frac{\mathrm{d}f(\boldsymbol{x}^{(0)}+\alpha\boldsymbol{d}^{(0)})}{\mathrm{d}\alpha}=-4(1-2\alpha)-64(1-8\alpha)=0$$

得 $\alpha^{(0)}=0.130\ 77$,此时

$$\boldsymbol{x}^{(1)}=\begin{bmatrix}1\\1\end{bmatrix}-0.130\ 77\begin{bmatrix}2\\8\end{bmatrix}=\begin{bmatrix}0.738\ 46\\-0.046\ 16\end{bmatrix}$$

进一步得

$$\nabla f(\boldsymbol{x}^{(1)})=(1.476\ 92,-0.369\ 23)^{\mathrm{T}}$$
$$\|\nabla f(\boldsymbol{x}^{(1)})\|=1.522\ 37$$
$$\boldsymbol{d}^{(1)}=-\nabla f(\boldsymbol{x}^{(1)})=(-1.476\ 92,0.369\ 23)^{\mathrm{T}}$$
$$\boldsymbol{x}^{(2)}=\boldsymbol{x}^{(1)}+\alpha^{(1)}\boldsymbol{d}^{(1)}$$

由 $\dfrac{\mathrm{d}f(\boldsymbol{x}^{(1)}+\alpha\boldsymbol{d}^{(1)})}{\mathrm{d}\alpha}=0$ 求得 $\alpha^{(1)}=0.425$,

$$\boldsymbol{x}^{(2)}=\boldsymbol{x}^{(1)}+\alpha^{(1)}\boldsymbol{d}^{(1)}=\begin{bmatrix}0.738\ 46\\-0.046\ 16\end{bmatrix}+0.425\begin{bmatrix}-1.476\ 92\\0.369\ 23\end{bmatrix}=\begin{bmatrix}0.110\ 76\\0.110\ 76\end{bmatrix}$$
$$f(\boldsymbol{x}^{(2)})=0.061\ 34$$
$$\nabla f(\boldsymbol{x}^{(2)})=(0.221\ 52,0.886\ 08)^{\mathrm{T}}$$
$$\|\nabla f(\boldsymbol{x}^{(2)})\|=0.913\ 35$$
$$\boldsymbol{d}^{(2)}=-\nabla f(\boldsymbol{x}^{(2)})=(-0.221\ 52,-0.886\ 08)^{\mathrm{T}}$$

下一步验证 $\boldsymbol{d}^{(0)}$ 和 $\boldsymbol{d}^{(1)}$ 及 $\boldsymbol{d}^{(1)}$ 和 $\boldsymbol{d}^{(2)}$ 的正交性,即

$$\boldsymbol{d}^{(1)\mathrm{T}}\boldsymbol{d}^{(0)}=(-1.476\ 92)(-2)+(0.369\ 23)(-8)=0$$

$$\boldsymbol{d}^{(2)\mathrm{T}}\boldsymbol{d}^{(1)} = (-0.221\ 52)(-1.476\ 92) + (-0.886\ 08)(0.369\ 23) = 0$$

在求解二次函数最小值问题时,由于在最速下降法中,当迭代点接近极小值点时步长变得很小,越走越慢,所以把此法改进为共轭梯度法。

4.3　共轭梯度法

共轭梯度法(conjugate grads means)是对最速下降法中搜索方向进行改进的一种基于梯度的方法。假设求解如下凸二次函数的极小值问题:

$$f(\boldsymbol{X}) = \frac{1}{2}\boldsymbol{X}^{\mathrm{T}}\boldsymbol{A}\boldsymbol{X} - \boldsymbol{b}^{\mathrm{T}}\boldsymbol{X} \tag{4.5}$$

式中,$\boldsymbol{A}$ 为 n 阶对称正定矩阵,两边同时对 $\boldsymbol{X}$ 微分可得

$$\nabla f(\boldsymbol{X}) = \boldsymbol{A}\boldsymbol{X} - \boldsymbol{b}^{\mathrm{T}} \tag{4.6}$$

式(4.6)的二次规划极小值问题可等价为求解线性方程组

$$\boldsymbol{A}\boldsymbol{X} = \boldsymbol{b}^{\mathrm{T}} \tag{4.7}$$

采用迭代求解线性方程组的方法就是共轭梯度法。

对于一系列非零向量 $(\boldsymbol{p}^{(0)},\boldsymbol{p}^{(1)},\cdots,\boldsymbol{p}^{(n-1)})$ 关于矩阵 $\boldsymbol{A}$ 共轭,如果满足

$$\boldsymbol{p}^{(i)\mathrm{T}}\boldsymbol{A}\boldsymbol{p}^{(j)} = 0, \quad \forall\, i \neq j \tag{4.8}$$

则很显然,当 $\boldsymbol{A} = \boldsymbol{I}$($\boldsymbol{I}$ 为单位矩阵)时,非零向量 $(\boldsymbol{p}^{(0)},\boldsymbol{p}^{(1)},\cdots,\boldsymbol{p}^{(n-1)})$ 为正交向量。因此可以说,向量正交是关于矩阵 $\boldsymbol{A}$ 共轭的一种特殊情况。换句话说,向量共轭是向量正交的推广。

共轭方向是正交方向经过坐标变换得来的。设 $\boldsymbol{q}^{(i)} = \boldsymbol{A}^{\frac{1}{2}}\boldsymbol{p}^{(i)}$,$\boldsymbol{q}^{(j)} = \boldsymbol{A}^{\frac{1}{2}}\boldsymbol{p}^{(j)}$,若 $\boldsymbol{q}^{(i)}$ 方向与 $\boldsymbol{q}^{(j)}$ 方向正交,且有

$$\boldsymbol{q}^{(j)\mathrm{T}}\boldsymbol{q}^{(i)} = 0$$

则 $\boldsymbol{q}^{(j)\mathrm{T}}\boldsymbol{q}^{(i)} = \boldsymbol{p}^{(j)\mathrm{T}}\boldsymbol{A}^{\frac{1}{2}}\boldsymbol{A}^{\frac{1}{2}}\boldsymbol{p}^{(i)} = \boldsymbol{p}^{(j)\mathrm{T}}\boldsymbol{A}\boldsymbol{p}^{(i)} = 0$,即 $\boldsymbol{p}^{(j)}$ 方向与 $\boldsymbol{p}^{(i)}$ 方向关于 $\boldsymbol{A}$ 共轭。

针对式(4.5)中的二次函数极小值,若 $(\boldsymbol{p}^{(0)},\boldsymbol{p}^{(1)},\cdots,\boldsymbol{p}^{n-1})$ 为任意一组关于矩阵 $\boldsymbol{A}$ 的共轭向量,则由任意初始点 $\boldsymbol{x}^{(0)}$ 出发,按照如下格式迭代:

$$\left.\begin{array}{l}\min\limits_{\alpha} f(\boldsymbol{x}^{(k)} + \alpha\boldsymbol{p}^{(k)}) = f(\boldsymbol{x}^{(k)} + \alpha^{(k)}\boldsymbol{p}^{(k)}) \\ \boldsymbol{x}^{(k+1)} = \boldsymbol{x}^{(k)} + \alpha^{(k)}\boldsymbol{p}^{(k)}, \quad k = 0,1,\cdots,n-1\end{array}\right\} \tag{4.9}$$

就可以证明至多迭代 n 步即可收敛。

下面介绍共轭向量 $(\boldsymbol{p}^{(0)},\boldsymbol{p}^{(1)},\cdots,\boldsymbol{p}^{n-1})$ 的构造方法。对于给定的初始点 $\boldsymbol{x}^{(0)}$,在确定第一个搜索方向时,除了其梯度 $\nabla f(\boldsymbol{x}^{(0)})$ 信息外,没有其他信息,因此将 $\boldsymbol{x}^{(0)}$ 处的目标函数的负梯度方向作为第一个搜索方向,即

$$\boldsymbol{p}^{(0)} = -\boldsymbol{g}^{(0)} = -\nabla f(\boldsymbol{x}^{(0)}) \tag{4.10}$$

然后沿 $\boldsymbol{p}^{(0)}$ 方向作一维搜索,即

$$\min\limits_{\alpha} f(\boldsymbol{x}^{(0)} + \alpha\boldsymbol{p}^{(0)}) = f(\boldsymbol{x}^{(0)} + \alpha^{(0)}\boldsymbol{p}^{(0)}) \tag{4.11}$$

由此得一新点 $\boldsymbol{x}^{(1)}$ 及其梯度方向

$$\left.\begin{array}{l}\boldsymbol{x}^{(1)} = \boldsymbol{x}^{(0)} + \alpha^{(0)}\boldsymbol{p}^{(0)} \\ \boldsymbol{g}^{(1)} = \nabla f(\boldsymbol{x}^{(2)})\end{array}\right\} \tag{4.12}$$

因为 $-\boldsymbol{g}^{(0)\mathrm{T}} \cdot \boldsymbol{g}^{(1)} = 0$，为了在由 $\boldsymbol{g}^{(0)}$ 和 $\boldsymbol{g}^{(1)}$ 构成的正交系中寻求共轭方向 $\boldsymbol{p}^{(1)}$，可令

$$\boldsymbol{p}^{(1)} = -\boldsymbol{g}^{(1)} + \lambda^{(0)} \boldsymbol{p}^{(0)} \tag{4.13}$$

即共轭方向为 $\boldsymbol{x}^{(1)}$ 处的负梯度方向 $-\boldsymbol{g}^{(1)}$ 与前一搜索方向的线性组合。这里的关键是选择 $\lambda^{(0)}$ 使 $\boldsymbol{p}^{(1)}$ 与 $\boldsymbol{p}^{(0)}$ 共轭。

需要指出的是，对于正定二次函数

$$\left.\begin{array}{l} \boldsymbol{g}^{(k)} = \nabla f(\boldsymbol{x}^{(k)}) = \boldsymbol{x}^{(k)\mathrm{T}} \boldsymbol{A} + \boldsymbol{b}^{\mathrm{T}} \\ \boldsymbol{g}^{(k+1)} = (\boldsymbol{x}^{(k)} + \alpha^{(k)} \boldsymbol{p}^{(k)}) \boldsymbol{A} + \boldsymbol{b}^{\mathrm{T}} \end{array}\right\} \tag{4.14}$$

有

$$\boldsymbol{g}^{(k+1)} - \boldsymbol{g}^{(k)} = \alpha^{(k)} \boldsymbol{p}^{(k)\mathrm{T}} \boldsymbol{A} \tag{4.15}$$

根据共轭的定义，有

$$\boldsymbol{p}^{(k+1)\mathrm{T}} (\boldsymbol{g}^{(k+1)} - \boldsymbol{g}^{(k)}) = 0 \tag{4.16}$$

将式(4.13)代入式(4.16)得

$$(-\boldsymbol{g}^{(1)} + \lambda^{(0)} \boldsymbol{g}^{(0)})^{\mathrm{T}} (\boldsymbol{g}^{(1)} - \boldsymbol{g}^{(0)}) = 0 \tag{4.17}$$

化简整理式(4.17)可得

$$\lambda_0 = \frac{\|\boldsymbol{g}^{(1)}\|^2}{\|\boldsymbol{g}^{(0)}\|^2} = \frac{\|\nabla f(\boldsymbol{x}^{(1)})\|^2}{\|\nabla f(\boldsymbol{x}^{(0)})\|^2} \tag{4.18}$$

进一步得到一般的迭代关系式

$$\lambda^{(k)} = \frac{\|\boldsymbol{g}^{(k+1)}\|^2}{\|\boldsymbol{g}^{(k)}\|^2} = \frac{\|\nabla f(\boldsymbol{x}^{(k+1)})\|^2}{\|\nabla f(\boldsymbol{x}^{(k)})\|^2} \tag{4.19}$$

即共轭方向为

$$\boldsymbol{p}^{(k+1)} = -\boldsymbol{g}^{(k+1)} + \lambda^{(k)} \boldsymbol{p}^{(k)}, \quad k = 0, 1, 2, \cdots \tag{4.20}$$

实现共轭梯度法的基本步骤如下。

对于要求解的问题 $f(\boldsymbol{X}) = \dfrac{1}{2} \boldsymbol{X}^{\mathrm{T}} \boldsymbol{Q} \boldsymbol{X} + \boldsymbol{b}^{\mathrm{T}} \boldsymbol{X} + c$，其中 $\boldsymbol{X} = (x_1, x_2, \cdots, x_n)^{\mathrm{T}}$：

① 任选初始点 $\boldsymbol{x}^{(0)} \in \mathbf{R}^n$，令 $\boldsymbol{p}_0 = -\nabla f(\boldsymbol{x}^{(0)})$，$k = 0$。

② 若 $\nabla f(\boldsymbol{x}^{(0)}) = 0$，则停止；否则

$$\boldsymbol{x}^{(k+1)} = \boldsymbol{x}^{(k)} + \alpha^{(k)} \boldsymbol{p}^{(k)}, \quad \alpha^{(k)} = \frac{-\boldsymbol{p}^{(k)\mathrm{T}} \nabla f(\boldsymbol{x}^{(k)})}{\boldsymbol{p}^{(k)\mathrm{T}} \boldsymbol{Q} \boldsymbol{p}^{(k)}}$$

$$\boldsymbol{p}^{(k+1)} = -\nabla f(\boldsymbol{x}^{(k+1)}) + \lambda^{(k)} \boldsymbol{p}^{(k)}, \quad \lambda^{(k)} = \frac{\boldsymbol{p}^{(k)\mathrm{T}} \boldsymbol{Q} \nabla f(\boldsymbol{x}^{(k+1)})}{\boldsymbol{p}^{(k)\mathrm{T}} \boldsymbol{Q} \boldsymbol{p}^{(k)}}$$

③ $k = k + 1$，返回步骤②。

例 4.2 用共轭梯度法求解 $\min(x_1^2 + 4x_2^2)$，取 $\boldsymbol{x}^{(0)} = (1, 1)^{\mathrm{T}}$。

解：设初始点为 $\boldsymbol{x}^{(0)} = (1, 1)^{\mathrm{T}}$，$\nabla f(x_1, x_2) = \begin{bmatrix} 2x_1 \\ 8x_2 \end{bmatrix}$，则

$$\boldsymbol{p}^{(0)} = \boldsymbol{d}^{(0)} = -\nabla f(\boldsymbol{x}^{(0)}) = \begin{bmatrix} -2 \\ -8 \end{bmatrix}, \quad \alpha_0 = 0.130\,77$$

$$\boldsymbol{x}^{(1)} = \begin{bmatrix} 0.738\,46 \\ -0.046\,16 \end{bmatrix}, \quad \nabla f(\boldsymbol{x}^{(1)}) = \begin{bmatrix} 1.476\,92 \\ -0.369\,23 \end{bmatrix}, \quad \|\nabla f(\boldsymbol{x}^{(1)})\| = 1.522\,37$$

因为 $\|\nabla f(\boldsymbol{x}^{(1)})\|$ 较大，所以还需要迭代。下一个搜索方向由共轭梯度法并利用 $\boldsymbol{p}^{(0)}$ 和 $\nabla f(\boldsymbol{x}^{(1)})$ 的组合来得到，即

$$p^{(1)} = -\nabla f(x^{(1)}) + \lambda^{(0)} p^{(0)}, \quad \lambda^{(0)} = \frac{p^{(0)\mathrm{T}} Q \nabla f(x^{(1)})}{p^{(0)\mathrm{T}} Q p^{(0)}} = 0.034\,08$$

式中，

$$Q = \begin{bmatrix} 1 & 0 \\ 0 & 4 \end{bmatrix}$$

$$p^{(1)} = \begin{bmatrix} -1.476\,92 \\ 0.369\,23 \end{bmatrix} + 0.034\,08 \begin{bmatrix} -2 \\ -8 \end{bmatrix} = \begin{bmatrix} -1.545\,08 \\ 0.096\,59 \end{bmatrix}$$

而

$$x^{(2)} = x^{(1)} + \alpha^{(1)} p^{(1)}, \quad \alpha^{(1)} = \min f(x^{(1)} + \alpha p^{(1)}) = 0.477\,94$$

故

$$x^{(2)} = \begin{bmatrix} 0.738\,46 \\ -0.046\,16 \end{bmatrix} + 0.477\,94 \begin{bmatrix} -1.545\,08 \\ 0.096\,59 \end{bmatrix} = \begin{bmatrix} 0 \\ 0 \end{bmatrix}$$

因为 $\|\nabla f(x^{(2)})\| = 0$，所以迭代终止，$x^{(2)}$ 即为所求极小值。

4.4　一般二阶可微函数共轭梯度法的改进

对于一般二阶可微函数 $f(X)$，因在每一点的局部可以近似视为二次函数

$$f(X) \approx f(x^{(k)}) + [\nabla f(x^{(k)})]^{\mathrm{T}} (X - x^{(k)}) + \frac{1}{2}(X - x^{(k)})^{\mathrm{T}} \nabla^2 f(x^{(k)})(X - x^{(k)})$$

$$(4.21)$$

因此可利用共轭梯度法来求解。但如果以上述共轭梯度法套用，则其中的 Q 就应该是以 $x^{(k)}$ 点处的 Hessian 矩阵来代替，这样的计算量较大。所以，在将共轭梯度法推广于一般函数的极小值问题之前需要先修改 $\lambda^{(k)}$，使之不包含 Q，改写的办法之一如下：

$$\lambda^{(k)} = \frac{p^{(k)\mathrm{T}} Q \nabla f(x^{(k+1)})}{p^{(k)\mathrm{T}} Q p^{(k)}} = \frac{(Q \alpha^{(k)} p^{(k)})^{\mathrm{T}} \nabla f(x^{(k+1)})}{(Q \alpha^{(k)} p^{(k)})^{\mathrm{T}} p^{(k)}} =$$

$$\frac{[Q(x^{(k+1)} - x^{(k)})]^{\mathrm{T}} \nabla f(x^{(k+1)})}{[Q(x^{(k+1)} - x^{(k)})]^{\mathrm{T}} p^{(k)}} =$$

$$\frac{[\nabla f(x^{(k+1)}) - \nabla f(x^{(k)})]^{\mathrm{T}} \nabla f(x^{(k+1)})}{[\nabla f(x^{(k+1)}) - \nabla f(x^{(k)})]^{\mathrm{T}} p^{(k)}} =$$

$$\frac{\|\nabla f(x^{(k+1)})\|^2}{\|\nabla f(x^{(k)})\|^2}$$

$$(4.22)$$

改进的共轭梯度法的实现步骤是：

① 任选 $x^{(0)} \in \mathbf{R}^n$，并令 $d^{(0)} = -\nabla f(x^{(0)})$，$k = 0$。

② 若 $\|\nabla f(x^{(k)})\| = 0$，则停止；否则

$$x^{(k+1)} = x^{(k)} + \alpha^{(k)} d^{(k)}, \quad \alpha^{(k)} = \arg\min f(x^{(k)} + \alpha d^{(k)})$$

$$d^{(k+1)} = -\nabla f(x^{(k+1)}) + \frac{\|\nabla f(x^{(k+1)})\|^2}{\|\nabla f(x^{(k)})\|^2} d^{(k)}$$

③ $k = k + 1$，返回步骤②。

需要说明的是：若问题所含的变量较多，则采用共轭梯度法的改进方法；若问题所含的变量不多，则采用共轭梯度法。

4.5　牛顿法

最速下降法和共轭梯度法都是利用函数的一阶导数信息去近似求解函数。牛顿法则使用了所求函数在某一设计点处的二阶导数泰勒展开信息,如

$$f(\boldsymbol{x}^{(k)} + \boldsymbol{s}^{(k)}) \approx f^{(k)} + \boldsymbol{g}^{(k)\mathrm{T}} \boldsymbol{s}^{(k)} + \frac{1}{2} \boldsymbol{s}^{(k)\mathrm{T}} \boldsymbol{H}^{(k)} \boldsymbol{s}^{(k)} \qquad (4.23)$$

式中,$\boldsymbol{s}^{(k)}$ 表示步长。将式(4.23)两边同时对 $\boldsymbol{s}^{(k)}$ 微分并令其等于零,可得线性方程组

$$\boldsymbol{H}^{(k)} \boldsymbol{s}^{(k)} = -\boldsymbol{g}^{(k)} \qquad (4.24)$$

那么原方程的极小值问题就转换为求解式(4.24)方程组中的 $\boldsymbol{s}^{(k)}$。

如果 $\boldsymbol{H}^{(k)}$ 是正定矩阵,则从任意初始点出发,仅需迭代一次就可得到极小值点。对于任意非线性函数,如果 $\boldsymbol{x}^{(0)}$ 充分接近最优解 $\boldsymbol{x}^{*}$,且 Hessian 矩阵在 $\boldsymbol{x}^{*}$ 处正定,则牛顿法表现为二阶收敛性。

如果 $\boldsymbol{H}^{(k)}$ 不是正定矩阵,则二阶近似模型可能没有最小值,甚至没有极值点。对于一些非线性函数,如果所得牛顿步长可能导致 $f(\boldsymbol{x}^{(k)} + \boldsymbol{s}^{(k)}) > f(\boldsymbol{x}^{(k)})$,那么牛顿法发散。牛顿法的另一个难点是:不仅需要计算函数的梯度,而且需要计算函数的 Hessian 矩阵,且 Hessian 矩阵包含 $n(n+1)/2$ 个二阶导数,计算量较大。

4.6　改进的牛顿法

改进的牛顿法是沿着牛顿方向进行线性搜索,而不是接受最小化二次型的步长。改进的牛顿法的基本步骤如下:

输入:初始化 $\boldsymbol{x}^{(0)}$,以及收敛因子 ε_g、ε_a 和 ε_r

输出:最优解 $\boldsymbol{x}^{*}$

$k \leftarrow 0$

重复

　　计算目标函数的梯度 $\boldsymbol{g}^{(k)}$

　　计算目标函数的 Hessian 矩阵 $\boldsymbol{H}(\boldsymbol{x}^{(k)})$

　　计算牛顿搜索方向 $\boldsymbol{p}^{(k)} = -\boldsymbol{H}^{-1} \boldsymbol{g}^{(k)}$

　　执行线性搜索以确定步长 $\alpha^{(k)}$,初始值 $\alpha^{(0)} = 1$

　　更新当前点 $\boldsymbol{x}^{(k+1)} \leftarrow \boldsymbol{x}^{(k)} + \alpha^{(k)} \boldsymbol{p}^{(k)}$

　　$k \leftarrow k+1$

直到

　　$\left| f(\boldsymbol{x}^{(k)}) - f(\boldsymbol{x}^{(k-1)}) \right| \leqslant \varepsilon_\mathrm{a} + \varepsilon_\mathrm{r} \left| f(\boldsymbol{x}^{(k-1)}) \right|$ 且 $\|\boldsymbol{g}^{(k-1)}\| \leqslant \varepsilon_\mathrm{g}$

改进的牛顿法尽管会有 $f(\boldsymbol{x}^{(k)} + \boldsymbol{p}^{(k)}) < f(\boldsymbol{x}^{(k)})$,但仍会受到 Hessian 矩阵非正定的影响。可以利用一个对称正定矩阵来替换 Hessian 矩阵,如

$$\boldsymbol{B}^{(k)} = \boldsymbol{H}^{(k)} + \gamma \boldsymbol{I} \qquad (4.25)$$

式中,γ 的选择应使 $\boldsymbol{B}^{(k)}$ 的所有特征值非负。

4.7 变度量法(DFP 法和 BFGS 法)

变度量法是一种有效的求解最优化问题的方法,有时也称为拟牛顿法。它是由 Davidon 在 1959 年提出,并由 Flether - Powell 于 1963 年进一步改进的。该方法的收敛速度快,特别对于高维优化问题。

变度量法保留了牛顿法的优点,克服了其计算不便的缺点。如果通过引进一组 n 阶矩阵 $(\boldsymbol{H}^{(1)}, \boldsymbol{H}^{(2)}, \cdots, \boldsymbol{H}^{(n)}, \boldsymbol{H}^{(n+1)})$ 来代替 Hessian 矩阵的逆,且既不需要计算二阶导数,又能很好地逼近,那么这种方法的收敛也一定很快,同时又能避开牛顿法的烦琐计算。

变度量法的 $\boldsymbol{H}^{(k)}$ 不是直接给出,而是在迭代过程中间接给出的,也可以说是逐步产生的,通过下面公式计算得到:

$$\boldsymbol{H}^{(k+1)} = \boldsymbol{H}^{(k)} + \Delta \boldsymbol{H}^{(k)} \tag{4.26}$$

式(4.26)中不断修正矩阵 $\Delta \boldsymbol{H}^{(k)}$,使每次迭代都能逼近 Hessian 矩阵的逆。修正矩阵 $\Delta \boldsymbol{H}^{(k)}$ 取不同的值,得到不同的变度量方法,本节介绍两种方法,即 DFP 法和 BFGS 法。

DFP 法中的修正矩阵 $\Delta \boldsymbol{H}^{(k)}$ 为

$$\Delta \boldsymbol{H}^{(k)} = \frac{\Delta \boldsymbol{x}^{(k)} (\Delta \boldsymbol{x}^{(k)})^{\mathrm{T}}}{(\Delta \boldsymbol{x}^{(k)})^{\mathrm{T}} \Delta \boldsymbol{g}^{(k)}} - \frac{\boldsymbol{H}_k \Delta \boldsymbol{g}^{(k)} (\Delta \boldsymbol{g}^{(k)})^{\mathrm{T}} \boldsymbol{H}^{(k)}}{(\Delta \boldsymbol{g}^{(k)})^{\mathrm{T}} \boldsymbol{H}^{(k)} \Delta \boldsymbol{g}^{(k)}}$$

BFGS 法中的修正矩阵 $\Delta \boldsymbol{H}^{(k)}$ 为

$$\Delta \boldsymbol{H}^{(k)} = \left\{ \left[1 + \frac{(\Delta \boldsymbol{g}^{(k)})^{\mathrm{T}} \boldsymbol{H}^{(k)} \Delta \boldsymbol{g}^{(k)}}{(\Delta \boldsymbol{x}^{(k)})^{\mathrm{T}} \Delta \boldsymbol{g}^{(k)}} \right] \Delta \boldsymbol{x}^{(k)} (\Delta \boldsymbol{x}^{(k)})^{\mathrm{T}} - \right.$$

$$\left. \boldsymbol{H}^{(k)} \Delta \boldsymbol{g}^{(k)} (\Delta \boldsymbol{x}^{(k)})^{\mathrm{T}} - \Delta \boldsymbol{x}^{(k)} (\Delta \boldsymbol{g}^{(k)})^{\mathrm{T}} \boldsymbol{H}^{(k)} \right\} \bigg/ \left[(\Delta \boldsymbol{x}^{(k)})^{\mathrm{T}} \Delta \boldsymbol{g}^{(k)} \right]$$

与改进的牛顿法类似,一维搜索方向可表示为

$$\boldsymbol{p}^{(k)} = -\boldsymbol{H}^{(k)} \boldsymbol{g}^{(k)}, \quad \boldsymbol{g}^{(k)} = \nabla f(\boldsymbol{x}^{(k)}), \quad \Delta \boldsymbol{g}^{(k)} = \boldsymbol{g}^{(k+1)} - \boldsymbol{g}^{(k)}, \quad \Delta \boldsymbol{x}^{(k)} = \boldsymbol{x}^{(k+1)} - \boldsymbol{x}^{(k)}$$

沿 $\boldsymbol{p}^{(k)}$ 方向进行一维搜索,得

$$\min_{\lambda} f(\boldsymbol{x}^{(k)} + \lambda \boldsymbol{p}^{(k)}) = f(\boldsymbol{x}^{(k)} + \lambda^{(k)} \boldsymbol{p}^{(k)})$$

$$\boldsymbol{x}^{(k+1)} = \boldsymbol{x}^{(k)} + \lambda^{(k)} \boldsymbol{p}^{(k)}$$

由于迭代方向 $\boldsymbol{p}^{(k)}$ 为任意一组 C 的共轭向量,因此与共轭梯度法类似,如果在迭代 n 步之后还没有达到收敛条件,则须重新开始。

习 题

1. 共轭梯度法与最速下降法有什么不同? 请写出共轭梯度法的算法步骤。

2. 请给出改进的共轭梯度法的实现步骤。

3. 牛顿法的基本思想是什么? 它与拟牛顿法有什么联系?

4. 用最速下降法求 $f(x_1, x_2) = x_1^2 + 4x_2^2$ 的极小值,设 $\boldsymbol{x}^{(0)} = (1,1)^{\mathrm{T}}$,迭代 2 次以上,并证明相邻两个搜索方向是正交的。

5. 用共轭梯度法求 $f(x_1, x_2) = x_1^2 + 4x_2^2$ 的极小值,设 $\boldsymbol{x}^{(0)} = (1,1)^{\mathrm{T}}$。

第 5 章　非梯度的优化方法

实际的优化方法通常会面临如下问题：
- 函数不可微；
- 非凸可行空间；
- 离散的可行空间；
- 多维度；
- 多个局部最优解；
- 多目标。

针对以上问题，基于梯度的优化方法存在一定的弊端，如对于多维度优化问题，只能找到局部最优解，对函数的连续性要求较高，还要求设计变量连续等，面对这些问题，基于梯度的优化方法的应用受到了一定限制。为此，很多学者又提出了非梯度的优化方法。

5.1　直接优化方法

当目标函数不可微，或者目标函数的梯度存在但难以计算时，可采用直接优化方法进行求解。直接优化方法只需通过比较目标函数值的大小来移动迭代点，由于只假定了目标函数是连续的，因而应用范围广，可靠性好。有代表性的直接优化方法有坐标轮换法、方向加速法和单纯形法等。

5.1.1　坐标轮换法

坐标轮换法的基本思想是将一个 n 维优化问题转换为一系列一维优化问题来求解。由于这种方法每次搜索都是沿着坐标轴方向进行，所以称之为坐标轮换法。

该方法是依次沿坐标轴方向

$$e^{(1)} = (1,0,\cdots,0)^{\mathrm{T}}$$
$$e^{(2)} = (0,1,\cdots,0)^{\mathrm{T}}$$
$$\vdots$$
$$e^{(n)} = (0,0,\cdots,1)^{\mathrm{T}}$$

搜索最优解，式中，$e^{(j)}$ 表示第 j 个坐标轴的单位向量。

先给定初始点 $x^{(0)}$，沿着坐标轴方向 $e^{(1)}$ 搜索最优解，再以此为初始点，按照坐标轴方向 $e^{(2)}$ 搜索最优解，以此类推，沿着坐标轴方向 $e^{(3)},e^{(4)},\cdots,e^{(n)}$ 求得最优解 $x^{(n-1)}$。第一轮搜索完毕，判断是否满足误差允许条件，若满足则停止；若不满足则把 $x^{(n-1)}$ 作为初始点，进行下一轮搜索，重复下去直到满足误差允许条件。此外，也可以限制重复轮次以防止轮次过多。

坐标轮换法的基本步骤如下：

① 给定初始点 $x^{(0)}$，误差允许条件为 $\varepsilon > 0, j = 1, k = 1$。

② 从坐标轴方向 $e^{(1)}$ 开始进行一维搜索，求出 $\lambda^{(j)}$，即

$$\min_\lambda f(\boldsymbol{x}^{(j-1)} + \lambda \boldsymbol{e}^{(j)}) = f(\boldsymbol{x}^{(j-1)} + \lambda^{(j)} \boldsymbol{e}^{(j)})$$

直至沿着 n 个坐标轴方向 $\boldsymbol{e}^{(n)}$ 进行优化,即

$$\min f(\boldsymbol{x}^{(n-1)} + \lambda \boldsymbol{e}^{(n)}) = f(\boldsymbol{x}^{(n)})$$

式中,$\boldsymbol{x}^{(n)} = \boldsymbol{x}^{(n-1)} + \lambda^{(n)} \boldsymbol{e}^{(n)}$。

③ 判别是否满足误差允许条件,当

$$\|\boldsymbol{x}^{(n)} - \boldsymbol{x}^{(0)}\| \leqslant \varepsilon$$

时停止迭代,取 $\boldsymbol{x}^{(n)} \approx \boldsymbol{x}_{\min}$;否则,重复上述步骤,直至满足误差条件为止。

坐标轮换法操作简单,容易掌握。但该方法的寻优效果在很大程度上取决于目标函数的形态。目标函数的形态不同,搜索的结果也不同。图 5.1 给出了三种不同形态的目标函数。由图 5.1(a)可以看到,如果目标函数的等高线为同心椭圆族,且椭圆族的长短轴与坐标轴平行,那么从初始点出发,沿坐标轴经过两次搜索就可达到最优解;由图 5.1(b)同样可以看到,目标函数的等高线依然为同心椭圆族,但是椭圆族的长短轴相对于坐标轴倾斜,这时沿着坐标轴经过有限轮次搜索可能也无法达到最优解,只能达到最优解附近的近似值;而对于图 5.1(c)和图 5.1(d)中的目标函数而言,因为坐标轮换法只能沿坐标轴方向搜索,而不能沿其他方向搜索,故坐标轮换法失效。

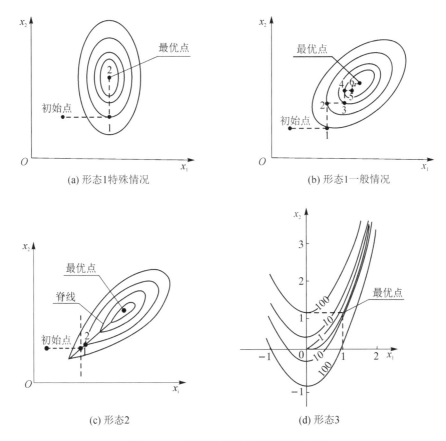

(a) 形态1特殊情况　　　　　　　(b) 形态1一般情况

(c) 形态2　　　　　　　(d) 形态3

图 5.1　三种形态的目标函数寻优过程

5.1.2　方向加速法

方向加速法也是一种将 n 维优化问题转化为一系列一维优化问题的降维方法。与坐标轮换法不同的是,它以共轭方向为搜索方向。如果目标函数是 n 维的二次函数,则只需搜索 n 次就能找到极值点。

下面通过图 5.2 来说明方向加速法的寻优过程。从初始点 $x^{[0]}$ 开始,沿着 $p^{(1)}$ 方向搜索,得到 $x^{[1]}$ 点,再沿着 $p^{(2)}$ 方向进行一维搜索,得到 $x^{[2]}$ 点,连接 $x^{[0]}$ 和 $x^{[2]}$ 两点,将两点的连线方向作为下一个点的搜索方向 $p^{(3)}$,沿着 $p^{(3)}$ 进行一维搜索,得到 $x^{[3]}$ 点;将 $x^{[3]}$ 点作为初始点 $x^{(0)}$,分别沿着 $p^{(2)}$、$p^{(3)}$ 方向继续进行一维搜索,分别得到 $x^{(1)}$、$x^{(2)}$ 两点,连接 $x^{(0)}$ 和 $x^{(2)}$ 两点,并沿着该连线方向 $p^{(4)}$ 进行一维搜索,以此类推,直至满足收敛精度要求为止。

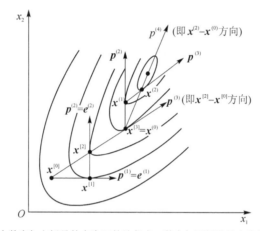

注:图中数字加方括号的点为旧的迭代点,数字加圆括号的点为新的迭代点。

图 5.2　方向加速法寻优过程

需要说明的是,由线性代数知识可知,搜索方向 $p^{(1)}$,$p^{(2)}$,$p^{(3)}$,… 为共轭方向,根据共轭方向的性质,若目标函数是二次函数,则沿 $p^{(4)}$ 方向进行一维搜索必定可求得极值点。

5.1.3　单纯形法

n 维设计空间中的 $n+1$ 个顶点组成单纯形;在顶点上做试验,进行比较,丢掉坏点,然后用"反射""延伸""收缩""缩小边长"等手段,逐步逼近极小值点;将目标函数值最小的顶点记为"好点",目标函数值最大的顶点记为"坏点",剩下的为其余点。去掉坏点,通过反射得到反射点。

如果反射点比好点更好,则延伸得到延伸点,如果延伸点比好点更好,则将延伸点作为新单纯形的顶点,否则将反射点作为新顶点;如果反射点比好点差,但比其余各点均好,则将反射点作为新顶点;如果反射点比坏点还差,则向内收缩得到内收缩点;如果反射点比坏点好,但比其余点差,则向外收缩得到外收缩点,并将该点作为新顶点;如果内收缩点比坏点好,则将其作为新顶点。如果内收缩点比坏点差,则以原来的好点为顶点,缩小单纯形的边长,建立新的单纯形;再对新单纯形的顶点进行比较,按照上面的步骤反复迭代,直至单纯形各顶点上的目标函数差值或单纯形的边长小于给定精度时停止,这时得到近似的极小值点。单纯形法的寻优过程如图 5.3 所示。

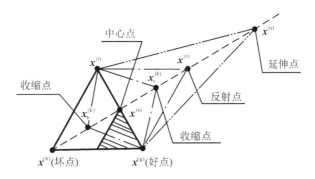

图 5.3　单纯形法的寻优过程

单纯形法的基本步骤是：

1）初始点为 $\boldsymbol{x}^{(0)}$，计算目标函数 f_0，迭代步数为 0。

2）给出单纯形的边长 c。

3）当收敛条件不满足时：

① 挑选目标函数值最小的顶点（好点 $\boldsymbol{x}^{(g)}$）和最大的顶点（坏点 $\boldsymbol{x}^{(b)}$），计算坏点以外的单纯形的其余顶点 $\boldsymbol{x}^{(l)}$ 和中心点 $\boldsymbol{x}^{(a)}$，好点、坏点和其余点相应的目标函数分别为 f_g、f_b 和 f_l。

② 判断是否满足收敛性条件 $f_b - f_g < \varepsilon_1 + \varepsilon |f_g|$，通常 $\varepsilon_1 \approx 10^{-6}$，$\varepsilon_2 \approx 10^{-4}$。

③ 将坏点通过中心点反射，得到反射点 $\boldsymbol{x}^{(r)}$，并计算目标函数 f_r。

④ 如果 $f_r < f_g$，那么：

- 沿中心点到反射点方向加大步长，得到延伸点 $\boldsymbol{x}^{(e)}$，并计算目标函数 f_e。
- 如果 $f_e < f_g$，则用 $\boldsymbol{x}^{(e)}$ 代替 $\boldsymbol{x}^{(b)}$，用 f_e 代替 f_b（即接受延伸点）；否则用 $\boldsymbol{x}^{(r)}$ 代替 $\boldsymbol{x}^{(b)}$，用 f_r 代替 f_b（即接受反射点）。

⑤ 如果 $f_r < f_l$，则用 $\boldsymbol{x}^{(r)}$ 代替 $\boldsymbol{x}^{(b)}$，用 f_r 代替 f_b（即接受反射点）。

⑥ 否则：

- 如果 $f_r > f_b$，则向内收缩到点 $\boldsymbol{x}_b^{(k)}$，并计算目标函数 $f_b^{(k)}$；否则向外收缩到点 $\boldsymbol{x}_r^{(k)}$，并计算目标函数 $f_r^{(k)}$。
- 如果 $f_b^{(k)} > f_b$，$f_r^{(k)} > f_b$，则缩小边长，计算并比较新的节点；否则接受收缩点。

4）增加迭代步数。

需要注意的是，可以通过单纯形的边长给出如下收敛准则：

$$s = \sum_{i=1}^{n} \| \boldsymbol{x}^{(i)} - \boldsymbol{x}^{(n+1)} \| \leqslant \varepsilon$$

式中，ε 为任意给定常数。

另一种收敛准则可写为

$$\sigma = \sqrt{\frac{\sum_{i=1}^{n+1} (f_i - \bar{f})^2}{n+1}} \leqslant \varepsilon$$

式中，$\bar{f}$ 为 $n+1$ 个目标函数的均值。

5.2 现代优化算法

现代优化算法包括模拟退火算法 SA(Simulated Annealing)、遗传算法 GA(Genetic Algorithms)和禁忌搜索算法 TS(Taboo Search)等。这些算法涉及生物进化、人工智能、数学和物理科学、神经系统和统计力学等领域的概念,因为它们都是以一定的直观基础构造的算法,所以也叫启发式算法或全局优化算法,并具有以下特性:

- 无关性:与导数无关;
- 直观性:思路直观;
- 灵活性:对目标函数的要求少;
- 应用广泛性:对设计空间和变量无苛刻要求,不要求连续;
- 随机性:下一步搜索方向是随机的;
- 难以解析:主要基于经验研究。

注:本节所述现代优化算法以一维为例,因此所有变量均为标量。

5.2.1 模拟退火算法

模拟退火算法(SA)是基于 Mente Carlo 迭代求解策略的一种随机寻优算法,它的出发点是固体物质的退火过程与一般优化问题之间的相似性。SA 的原理是在某一初温下,伴随着问题参数的不断下降,结合概率突跳特性,在解空间中随机寻找目标函数的全局最优解,即使是局部最优解,也能概率性地跳出并最终趋于全局最优。

SA 的内容包括"三函数""二准则"。

三函数指新状态产生函数、新状态接受函数和退温函数。二准则指抽样稳定准则和退火结束准则。这些环节的设计决定了 SA 的优化性能。初始温度的选择对 SA 的性能也有很大影响。控制算法进程的参数包括:初始温度、退温函数、终止温度和 Markov 链长。

SA 的流程是:从选定的初始解开始,在借助于控制参数温度递减时产生的一系列 Markov 链中,利用一个新解产生装置和接受准则,重复进行包括产生新解—计算目标函数差—判断是否接受新解—接受或舍弃新解这四项任务的试验,不断对当前解迭代,从而达到使目标函数最优的执行过程。

模拟退火算法的基本步骤如下:

① 任选一个初始解 $x^{(0)}$,设 $x^{(i)}=x^{(0)}$,$k=0$,$t_0=t_{\max}$(初始温度)。

② 若在该温度下达到内循环停止条件,则转到步骤③;否则,从邻域 $N(x^{(i)})$ 中随机选一个 $x^{(j)}$,并计算 $\Delta f_{ij}=f(x^{(j)})-f(x^{(i)})$。若 $\Delta f_{ij}\leqslant 0$,则 $x^{(i)}=x^{(j)}$;否则,若 $\exp(-\Delta f_{ij}/t_k)>\text{rand}(0,1)$,则 $x^{(i)}=x^{(j)}$,重复步骤②。

③ $t_{k+1}=d(t_k)$,$k=k+1$,若满足停止条件,则终止计算;否则,返回步骤②。

在上述的模拟退火算法步骤中,包含一个内循环和一个外循环。内循环是步骤②,表示当为同一温度 t_k 时,在一些状态下进行随机搜索。外循环主要包括步骤③的温度下降变化 $t_{k+1}=d(t_k)$、迭代步数的增加 $k=k+1$ 和终止条件。

模拟退火的直观理解是:在一个给定的温度下,搜索从一个状态随机地变化到另一个状态。每一个状态达到的次数服从一个概率分布。当温度很低时,当前解以概率 1 停留在最优解上。模拟退火算法的数学模型可以描述为:在给定区域内,模拟退火过程是从一个状态到另一个状态不断地随机游动。

　　模拟退火算法的特点可以概括为高效性、鲁棒性、通用性和灵活性。但模拟退火算法要得到一个较好的近似最优解所花费的时间较多，当问题规模较大时，将使算法失去可行性。总的来说，目前对模拟退火算法的研究和应用还不是很成熟，还需要继续针对多学科设计优化问题的特点来研究其可行性和效率。

5.2.2　遗传算法

　　遗传算法(GA)是一类随机优化算法，主要步骤包括编码、形成初始群体、计算适应度、遗传算子的确定、遗传算法参数的选择和算法的终止条件。

　　遗传算法的基本步骤如下：

　　① 初始化一个群体。群体里的每一个体代表一个设计点 x，同时对应一个函数值(适应度)，设计点满足相应的约束条件。

　　② 确定匹配对象。群体里的每一个体需要确定一个匹配对象。确定匹配对象的方式有两种：一种是随机确定；另一种是根据适应度确定，即选择适应度较高的个体进行匹配。

　　③ 产生下一代个体。为了产生下一代个体，可以采用交叉操作。交叉方法有很多，例如当设计变量连续时，一个个体可以通过两父代内插来获取，另一个个体可以通过适应度更高的父代来获取。

　　④ 变异。对群体里的个体增加随机性，以保证物种多样性。

　　⑤ 计算下一代个体的适应度。计算新个体的适应度，即约束条件。

　　⑥ 竞争淘汰。同样有很多方法来完成该步骤，常用的一种方法是用最好的个体去代替最坏的个体。

　　⑦ 判断最好的个体。通常很难通过收敛性条件来判断个体是否最好，因为有可能需要迭代很多次。有一种简单实用的方法：如果某个体在当前群体里是最好的，并且在迭代 10 次以上之后仍然是最好的，那么就可以认为它是问题的最优解。

　　⑧ 返回步骤②。

　　遗传算法的主要优点是：

　　① 种群能够覆盖整个设计空间，与基于梯度方法相比，不易"陷入"局部最优解。

　　② 与其他的非梯度优化方法相比，如单纯形法，遗传算法可以处理更复杂的目标函数。

　　③ 整个操作过程简单明了。

　　④ 可以解决多目标优化问题。

　　当然，世上没有"免费的午餐"，遗传算法还有一些缺陷。相比基于梯度的优化算法，遗传算法的优化过程较慢，特别是当设计变量的维数很大时。尽管遗传算法是一种完全的随机算法，但仍需大量的函数值运算。

5.2.3　禁忌搜索算法

　　禁忌搜索算法(TS)是局部领域搜索算法的推广，是一种全局逐步寻优算法，是对人工智力过程的一种模拟。其特点是采用禁忌技术，即禁止重复前面的工作。为了避免陷入局部最优解，禁忌搜索算法用一个禁忌表记录下到达过的局部最优点，以便在下一次搜索中，不再有选择地搜索这些点，从而跳出局部最优点。

　　禁忌搜索算法引入一个灵活的存储结构和相应的禁忌准则来避免重复，同时通过藐视准则来赦免一些被禁忌的优良状态，从而通过保证多样化的有效搜索来实现全局最优化。

禁忌搜索算法的基本思想是：给定一个初始解和一种邻域，在该邻域中确定若干个候选解，若最佳候选解比当前解好，则忽视其禁忌特性，用其替代当前解和最优状态，并将相应的禁忌对象加入禁忌表，同时修改禁忌表中各禁忌对象的任期；若不存在这样的候选解，则在候选解中选择非禁忌的最佳状态为新的当前解，而无视它和当前解的优劣，同时将相应的禁忌对象加入禁忌表，并修改禁忌表中各禁忌对象的任期，如此迭代，直至满足停止准则。领域函数、候选解、禁忌表、禁忌长度、禁忌对象和藐视准则构成了该算法的关键。

禁忌搜索算法的基本步骤如下：

① 选定一个初始解 x^{now} 及给定禁忌表 $H=\Phi$。

② 若当前解满足停止准则，则停止计算；否则，在 x^{now} 的邻域 $N(H, x^{\text{now}})$ 中选出满足禁忌要求的候选集 $C\_N(x^{\text{now}})$。在 $C\_N(x^{\text{now}})$ 中选出一个评价值最佳的解 x^{next}，使 $x^{\text{now}}=x^{\text{next}}$；更新历史记录 H，重复步骤②。

禁忌搜索算法的特点是：在搜索过程中可以接受劣解，因此具有较强的爬山能力；因为新解不是在当前解的邻域中随机产生，所以选取优良解的概率大。爬山能力指搜索时能够跳出局部最优解，转向解空间的其他区域，从而增大获得更好全局最优解的概率。但是，TS 对初始解有较强的依赖性，搜索过程是串行的，而非并行搜索，因此还有很多改进工作要做。

5.3　混合优化方法

前面讲了传统优化方法和现代优化算法，各有优势，也各有不足。算法混合的思想已发展成为提高算法优化性能的一个重要且有效的途径，出发点就是使单一算法相互取长补短，产生更好的优化效率。混合优化方法是今后搜索算法的一个发展方向，它针对全局性、快速性和鲁棒性有一定的自身优势。

经常采用的途径有：不同搜索机制的结合（如 SA 的概率突跳性，GA 的并行搜索能力，TS 的较强局部搜索能力及其记忆功能），全局性与局部性搜索算法的结合（如传统算法与智能算法），通用算法与问题特殊信息的结合。现有混合优化方法有两种方式：一种是以顺序优化的方式进行混合，另一种是把一个优化方法加入到另一个优化方法中。

在混合优化方法中，将单一优化方法的初值和最优值作为混合优化方法的接口进行混合。一般试图利用不同优化方法的不同优化特性来提高优化性能，如采用某些局部搜索方法与遗传算法的混合、神经网络与模拟退火算法的混合等。现在这方面的研究集中在具体的混合优化方法的设计和优化特性上。

习　　题

1. 经典优化算法中的直接优化方法有什么特点？试分别给出坐标轮换法和单纯形法的算法步骤。

2. 为什么说经典优化算法都是局部最优化方法？如何提高获得全局最优解的可能性？

3. 现代优化算法主要有哪些？它有什么特性？

4. 请给出遗传算法的基本思路和算法步骤。

5. 现代优化算法是通过什么手段来获取全局最优解的？请举例说明。

6. 在 MDO 问题中采用混合优化方法有什么意义？有哪些混合优化方法？

第6章　约束条件的处理及多目标优化

实际工程优化问题很少是无约束的,基本上都是有约束的优化问题,而且约束函数通常是非线性的,因此相继有很多学者对一些非线性约束优化问题进行研究。但是,人们仍然希望把有约束的问题转换为一系列无约束的优化问题,这样就可以利用前面熟悉的算法进行求解。

一般有约束的优化问题可写为

$$
\left.\begin{aligned}
\min \quad & f(\boldsymbol{x}) \\
& \boldsymbol{x} \in \mathbf{R}^n \\
\text{s.\,t.} \quad & \hat{c}_j(\boldsymbol{x}) = 0, \quad j = 1, \cdots, \hat{m} \\
& c_k(\boldsymbol{x}) \geqslant 0, \quad k = 1, \cdots, m
\end{aligned}\right\}
\tag{6.1}
$$

6.1　有约束优化问题的最优性条件

非线性约束优化问题的最优性条件是将有约束优化问题转换为无约束优化问题的基础,可分为等式约束最优性条件和不等式约束最优性条件。

6.1.1　非线性等式约束

考虑非线性等式约束优化问题

$$
\left.\begin{aligned}
\min \quad & f(\boldsymbol{x}) \\
& \boldsymbol{x} \in \mathbf{R}^n \\
\text{s.\,t.} \quad & \hat{c}_j(\boldsymbol{x}) = 0, \quad j = 1, \cdots, \hat{m}
\end{aligned}\right\}
\tag{6.2}
$$

对于求解这类问题,若能将 $\boldsymbol{x}$ 的 m 个分量利用等式约束条件通过其余 $n-m$ 个分量表示出来,则原问题就可转换为有 $n-m$ 个设计变量的优化问题,但这只针对特殊情况有效;而对于一般情况而言,Lagrange 提出了一种有效的解决方法。

由工科数学分析知识可知,在某一极值点处,目标函数的微分等于零,即

$$
\mathrm{d}f = \frac{\partial f}{\partial x_1}\mathrm{d}x_1 + \frac{\partial f}{\partial x_2}\mathrm{d}x_2 + \cdots + \frac{\partial f}{\partial x_n}\mathrm{d}x_n = (\boldsymbol{\nabla} f)^{\mathrm{T}}\mathrm{d}\boldsymbol{x} = 0
\tag{6.3}
$$

对于任意的可行方案,若约束函数的微分等于零,则有

$$
\mathrm{d}\hat{c}_j = \frac{\partial \hat{c}_j}{\partial x_1}\mathrm{d}x_1 + \frac{\partial \hat{c}_j}{\partial x_2}\mathrm{d}x_2 + \cdots + \frac{\partial \hat{c}_j}{\partial x_n}\mathrm{d}x_n = (\boldsymbol{\nabla} \hat{c}_j)^{\mathrm{T}}\mathrm{d}\boldsymbol{x} = 0
\tag{6.4}
$$

Lagrange 将每个约束函数的微分乘以一个标量 λ_i(简称 Lagrange 乘子)后添加到目标函数微分式(6.3)中,有

$$
\mathrm{d}f + \sum_{j=1}^{m} \lambda_j \mathrm{d}\hat{c}_j = 0
\tag{6.5}
$$

化简后,得

$$\sum_{i=1}^{n}\left(\frac{\partial f}{\partial x_i}+\sum_{j=1}^{m}\lambda_j\frac{\partial \hat{c}_j}{\partial x_i}\right)\mathrm{d}x_i=0 \tag{6.6}$$

由设计变量的微分 $\mathrm{d}x$ 的相对独立性和任意性可知,若式(6.6)成立,则必存在标量 λ_j 满足

$$\frac{\partial f}{\partial x_i}+\sum_{j=1}^{m}\lambda_j\frac{\partial \hat{c}_j}{\partial x_i}=0,\quad i=1,2,\cdots,n \tag{6.7}$$

下面定义 Lagrange 函数

$$L(\boldsymbol{x},\boldsymbol{\lambda})=f(\boldsymbol{x})-\sum_{j=1}^{m}\lambda_j\hat{c}_j(\boldsymbol{x}) \tag{6.8}$$

如果 $\boldsymbol{x}^*$ 是方程(6.8)的极值点,则利用极值点的必要条件,可得

$$\left.\begin{aligned}\frac{\partial L}{\partial x_i}&=\frac{\partial f}{\partial x_i}-\sum_{j=1}^{m}\lambda_j\frac{\partial \hat{c}_j}{\partial x_i}=0,\quad i=1,\cdots,n\\\frac{\partial L}{\partial \lambda_j}&=\hat{c}_j=0,\quad j=1,\cdots,m\end{aligned}\right\} \tag{6.9}$$

式(6.9)即著名的 Karush-Kuhn-Tucker(简称 KKT)条件,为有约束优化极值问题的必要条件。

注意,式(6.8)所定义的 Lagrange 函数极值问题是同时关于设计变量和 Lagrange 乘子的极值问题,通过求解该极值问题,可以得到原有约束优化问题的解。也就是说,将一个 n 维设计变量和 m 个约束函数的有约束优化问题转换为 $n+m$ 维设计变量的无约束优化问题。

6.1.2 非线性不等式约束

对于式(6.1)给出的一般形式的有约束优化问题,其 KKT 条件可以利用 Lagrange 函数

$$L(\boldsymbol{x},\hat{\boldsymbol{\lambda}},\boldsymbol{\lambda},\boldsymbol{s})=f(\boldsymbol{x})-\hat{\boldsymbol{\lambda}}^{\mathrm{T}}\hat{\boldsymbol{c}}(\boldsymbol{x})-\boldsymbol{\lambda}^{\mathrm{T}}\left[\boldsymbol{c}(\boldsymbol{x})-\boldsymbol{s}^2\right] \tag{6.10}$$

得到,式中,$\hat{\boldsymbol{\lambda}}$ 表示等式约束 Lagrange 乘子,$\boldsymbol{\lambda}$ 表示不等式约束 Lagrange 乘子,$\boldsymbol{s}$ 表示松弛向量。

类似地,不等式约束优化问题的 KKT 条件可以写为

$$\left.\begin{aligned}\frac{\partial L}{\partial x_i}&=\frac{\partial f}{\partial x_i}-\hat{\lambda}_j\frac{\partial \hat{c}_j}{\partial x_i}-\hat{\lambda}_k\frac{\partial c_k}{\partial x_i}=0,\quad i=1,2,\cdots,n\\\frac{\partial L}{\partial \hat{\lambda}_j}&=\hat{c}_j=0,\quad j=1,2,\cdots,\hat{m}\\\frac{\partial L}{\partial \lambda_k}&=c_k-s_k^2=0,\quad k=1,2,\cdots,m\\\frac{\partial L}{\partial s_k}&=\lambda_k s_k=0,\quad k=1,2,\cdots,m\\\lambda_k&\geqslant 0,\quad k=1,2,\cdots,m\end{aligned}\right\} \tag{6.11}$$

此外,利用 Lagrange 函数的二阶导数的信息可以得到如下 KKT 充分条件:
① $\boldsymbol{x}^*$ 满足 KKT 必要条件;
② Lagrange 函数的 Hessian 矩阵

$$\nabla^2 L=\nabla^2 f(\boldsymbol{x}^*)-\sum_{j=1}^{\hat{m}}\hat{\lambda}_j\nabla^2\hat{c}_j-\sum_{k=1}^{m}\lambda_k\nabla^2 c_k$$

在 n 维空间是正定矩阵,即对于任意非零向量 $\boldsymbol{y}$,有

$$\boldsymbol{y}^{\mathrm{T}} \nabla^2 L(\boldsymbol{x}^*) \boldsymbol{y} > 0, \quad 且 \quad (\nabla \hat{c}_j)^{\mathrm{T}}(\boldsymbol{x}^*) = \boldsymbol{0}, \quad j = 1, \cdots, \hat{m}$$

同时对于任意 k,满足

$$(\nabla c_k)^{\mathrm{T}}(\boldsymbol{x}^*) \boldsymbol{y} = 0, \quad 且 \quad c_k(\boldsymbol{x}^*) = 0, \quad \lambda_k > 0$$

6.2　罚函数法

罚函数法是另一种将有约束优化问题转换为无约束优化问题的方法,它以某种方式(依赖于约束函数的形式)在目标函数上添加惩罚函数。基本思想是求解一系列无约束优化问题,获取有约束优化问题的解;而对于不满足约束条件的设计方案,则通过目标函数进行惩罚。当前有两种典型的罚函数法:外罚函数法和内罚函数法。

6.2.1　外罚函数法

将约束函数添加到目标函数上,当设计点不满足约束条件时为正,满足时为零。具体考虑如下等式约束优化问题:

$$\left.\begin{array}{ll} \min & f(\boldsymbol{x}) \\ \text{s.t.} & \hat{\boldsymbol{c}}(\boldsymbol{x}) = \boldsymbol{0} \end{array}\right\} \tag{6.12}$$

式中,$\hat{\boldsymbol{c}}(\boldsymbol{x})$ 为 $\hat{m}$ 维向量,分量为 $\hat{c}_j(\boldsymbol{x})$,假设所有函数都二阶连续可微。

因为需要对不满足约束的设计点进行惩罚,因此定义连续函数 $\phi(\boldsymbol{x})$,使之满足如下性质:

① 如果 $\boldsymbol{x}$ 属于可行域,则 $\phi(\boldsymbol{x}) = 0$;

② 如果 $\boldsymbol{x}$ 不属于可行域,则 $\phi(\boldsymbol{x}) > 0$。

新的目标函数可表示为

$$\pi(\boldsymbol{x}, \rho_k) = f(\boldsymbol{x}) + \rho_k \phi(\boldsymbol{x}) \tag{6.13}$$

式中,$\rho_k > 0$ 称为惩罚因子。

罚函数法是由求解下述系列无约束优化问题而组成的:

$$\min_{\boldsymbol{x}} \pi(\boldsymbol{x}, \rho_k) \tag{6.14}$$

式中,惩罚因子 ρ_k 为单调递增序列,并随着 k 的增加趋于无穷大。通常仅需有限个 ρ_k 即可,在优化过程中对不满足等式约束的设计点进行惩罚,且惩罚力度逐步增加,使其趋向于可行域。

二次罚函数法可将罚函数写为如下二次型形式:

$$\pi(\boldsymbol{x}, \rho_k) = f(\boldsymbol{x}) + \frac{\rho_k}{2} \sum_{i=1}^{\hat{m}} [\hat{c}_i(\boldsymbol{x})]^2 = f(\boldsymbol{x}) + \frac{\rho_k}{2} [\hat{\boldsymbol{c}}(\boldsymbol{x})]^{\mathrm{T}} \hat{\boldsymbol{c}}(\boldsymbol{x}) \tag{6.15}$$

式中,罚函数由一系列约束函数的平方和组成,因此,对于任意设计点,罚函数的值都大于或等于零,其中当设计点在可行域时其值等于零。

可以通过改进上述方法来使其能够处理不等式约束条件。此时定义如下罚函数:

$$\pi(\boldsymbol{x}, \rho_k) = f(\boldsymbol{x}) + \rho_k \sum_{i=1}^{m} \{\min[0, c_i(\boldsymbol{x})]\}^2 \tag{6.16}$$

值得注意的是,在运用罚函数法的过程中会遇到矩阵病态的问题。在求解改进的无约束优化

问题时有 $\lim\limits_{\rho_k \to +\infty} \boldsymbol{x}^*(\rho_k)=\boldsymbol{x}^*$；但是，当惩罚因子增大时，$\pi(\boldsymbol{x},\rho_k)$ 的 Hessian 矩阵条件数也会增大，最终趋于∞，这使得用数值求解无约束优化问题的难度变大。

外罚函数基本算法的步骤如下：

① 验证是否满足终止准则。如果 $\boldsymbol{x}_k$ 满足最优性条件（KKT 条件），则停止，$\boldsymbol{x}^*=\boldsymbol{x}_k$。

② 罚函数求极值。以 $\boldsymbol{x}_k$ 为初始点，求解无约束优化问题

$$\min_{\boldsymbol{x}} \pi(\boldsymbol{x},\rho_k)$$

该优化问题的解即为 $\boldsymbol{x}_{k+1}$。

③ 增大惩罚因子值。取 $\rho_{k+1}>\rho_k$，$k=k+1$，返回步骤①。

在迭代过程中，惩罚因子的取值可以令 $\rho_{k+1}=1.4\rho_k$ 或 $\rho_{k+1}=10\rho_k$，视优化问题而定。

6.2.2　内罚函数法（障碍函数法）

外罚函数法会产生不可行的设计点，因此对于有明确可行域的优化问题不适用，并会导致目标函数在可行域外无定义或者表现为病态。类似于外罚函数法，内罚函数法也产生一系列无约束优化问题，且解将收敛到原有约束优化问题的解。

考虑不等式约束优化问题

$$\left.\begin{array}{ll} \min & f(\boldsymbol{x}) \\ \text{s.t.} & \boldsymbol{c}(\boldsymbol{x}) \geqslant \boldsymbol{0} \end{array}\right\} \tag{6.17}$$

式中，$\boldsymbol{c}(\boldsymbol{x})$ 为 m 维向量，分量为 $c_i(\boldsymbol{x})$，假设所有函数都二阶连续可微。

首先给出对数罚函数的构造过程

$$\pi(\boldsymbol{x},\mu)=f(\boldsymbol{x})-\mu\sum_{i=1}^{m}\log\left[c_i(\boldsymbol{x})\right] \tag{6.18}$$

式中，非负标量 μ 称为罚因子，当 $\boldsymbol{x}$ 趋于不可行域时，式（6.18）定义的对数罚函数趋于无穷大。

然后给出逆罚函数的构造过程

$$\pi(\boldsymbol{x},\mu)=f(\boldsymbol{x})-\mu\sum_{i=1}^{m}\frac{1}{c_i(\boldsymbol{x})} \tag{6.19}$$

式中，参数的含义与对数罚函数一样。

这两种改进优化问题的解都收敛到原有约束优化问题的解，即 $\lim\limits_{\mu \to 0} \boldsymbol{x}^*(\mu)=\boldsymbol{x}^*$。同样，当 μ 趋于零时，$\pi(\boldsymbol{x},\mu)$ 的 Hessian 矩阵条件数会增大，表现为病态。

内罚函数基本算法的步骤与外罚函数类似，此处不再赘述。在迭代过程中，通常取 $\mu_{k+1}=0.1\mu_k$。

6.3　多目标优化问题的主要内容

多目标优化问题就是用多个指标来评估每个方案的优劣，然后从中选出"优"的方案。在多目标优化过程中，通过分析比较，设计者通常会得到有限或无限个优化方案。在寻找多目标"优"解的过程中会出现下面的情况：

① 劣解，能被其他方案淘汰的方案被称为劣解。

② 最优解,可以淘汰其他所有方案的那一个方案被称为最优解。

③ 非劣解,不能被淘汰的方案统称为非劣解或有效解。非劣解可能不只有一个,而可能有多个。

④ 选好解,是设计者最终采用的非劣解。

在多目标优化问题中,往往很难求得同时使所有目标都达到最优的最优解,有时甚至根本没有这种意义上的"优"解。比如,在飞机设计中,最大化燃油效率和有效载荷,同时最小化总重量;在发动机设计过程中,油耗低、总重量轻、刚度高、寿命长。因此,通常只能转而求另一种意义上的"优"解,即求多目标问题的非劣解(有效解)。非劣解有有限或者无限个,而最终采用的通常只有一个,称为选好解。

在对整个多目标优化问题确定了选好解后,假定把找出非劣解的人看成"分析者",把最终决定采用哪一个非劣解的人看成"决策者",则对多目标问题的决策有以下 3 种方式:

① "决策者"与"分析者"提前商量好一个原则,认为只要找出的解能够满足这一原则,这就是选好解;

② "分析者"只提供非劣解,"决策者"可以从中确定选好解;

③ "决策者"与"分析者"在分析过程中不断交换对"解"的想法,逐步改进非劣解,直至找到"决策者"满意的选好解为止。

多目标问题的寻优方法,从数学规划角度看,主要是采用单目标优化方法,问题的关键是如何将多目标优化问题转化为单目标优化问题,转化方式通常有两种:一种是选择一个主要目标,将其他目标转化为约束,或者按照指标的重要程度排出先后次序,逐次求出"优"解。另一种是把变量空间中的约束区域映射到多目标空间,得到所谓"像集" $f(\mathbf{R})$,并重新构造一个新的目标函数,称为"评价函数" $h(\boldsymbol{F}(\boldsymbol{X}))$ 。求 $h(\boldsymbol{F}(\boldsymbol{X}))$ 在 $f(\mathbf{R})$ 上的最优解,从而得到多目标的"优"解。

6.4　多目标优化问题的解

6.4.1　多目标优化问题的数学描述

设有 n 个设计变量可表示为 $\boldsymbol{X}=(x_1,x_2,\cdots,x_n)^{\mathrm{T}}$,有 $p(p\geqslant2)$ 个目标函数可表示为 $\boldsymbol{F}(\boldsymbol{X})=(f_1(\boldsymbol{X}),f_2(\boldsymbol{X}),\cdots,f_p(\boldsymbol{X}))^{\mathrm{T}}$,约束集合 $\mathbf{R}=\langle\boldsymbol{X}\,|\,g_i(\boldsymbol{X})\geqslant0,i=1,\cdots,m\rangle$,有约束的多目标非线性规划问题的形式为

$$\begin{aligned}\min\quad&\boldsymbol{F}(\boldsymbol{X})\\\mathrm{s.\,t.}\quad&g_i(\boldsymbol{X})\geqslant0,\quad i=1,\cdots,m\end{aligned}$$

此外,实际问题中多个目标的量纲一般是不同的,需要把每个目标进行归一化处理。设某个带量纲的目标为 $\bar{f}_j(\boldsymbol{X})$,令

$$f_j(\boldsymbol{X})=\bar{f}_j(\boldsymbol{X})/\bar{f}_j$$

式中, $\bar{f}_j=\min_{\boldsymbol{X}\in\mathbf{R}}\bar{f}_j(\boldsymbol{X})$, $\mathbf{R}=\langle\boldsymbol{X}\,|\,g_i(\boldsymbol{X})\geqslant0,i=1,\cdots,m\rangle$, $f_j(\boldsymbol{X})$ 表示归一化的目标。为方便起见,后续多目标优化都假定目标已进行归一化处理。

6.4.2　多目标问题解的概念

1. 绝对最优解

设 $\bar{X} \in \mathbf{R} = \{ X \mid g_i(X) \geqslant 0, i = 1, \cdots, m \}$，若对 $X \in \mathbf{R}$ 及任意 $j = 1, \cdots, p$ 均有

$$f_j(X) \geqslant f_j(\bar{X})$$

则称 $\bar{X}$ 为多目标规划问题的绝对最优解，并令绝对最优解集合为 $\mathbf{R}_a^*$。

对于多目标优化问题，绝对最优解一般是不存在的，因此有必要寻找其他的"解"。首先给出这些"解"的定义，为此先进行向量的比较，这里引进几个向量不等式的符号。设

$$\mathbf{F}^1 = (f_1^1, f_2^1, \cdots, f_p^1)^{\mathrm{T}}$$
$$\mathbf{F}^2 = (f_1^2, f_2^2, \cdots, f_p^2)^{\mathrm{T}}$$

（1）"$<$"

$\mathbf{F}^1 < \mathbf{F}^2$ 表示 $\mathbf{F}^1$ 的每个分量严格小于 $\mathbf{F}^2$ 的相应分量，即对于 $j = 1, \cdots, p$ 均有

$$f_j^1 < f_j^2$$

（2）"$\leqslant$"

$\mathbf{F}^1 \leqslant \mathbf{F}^2$ 表示 $\mathbf{F}^1$ 的每个分量都小于或等于 $\mathbf{F}^2$ 的相应分量，而且至少有一个 $\mathbf{F}^1$ 的分量严格小于 $\mathbf{F}^2$ 的相应分量。对于 $j = 1, \cdots, p$ 均有

$$f_j^1 \leqslant f_j^2$$

且至少存在某 $j_0 (1 \leqslant j_0 \leqslant p)$，使

$$f_{j_0}^1 < f_{j_0}^2$$

（3）"$\prec$"

$\mathbf{F}^1 \prec \mathbf{F}^2$ 表示 $\mathbf{F}^1$ 的每个分量都小于或等于 $\mathbf{F}^2$ 的相应分量，对于 $j = 1, \cdots, p$ 均有

$$f_j^1 \leqslant f_j^2$$

2. 有效解（非劣解）

设 $\bar{X} \in \mathbf{R} = \{ X \mid g_i(X) \geqslant 0, i = 1, \cdots, m \}$，若不存在 $X \in \mathbf{R}$ 满足

$$\mathbf{F}(X) \leqslant \mathbf{F}(\bar{X})$$

则称 $\bar{X}$ 为多目标规划问题的有效解（非劣解），令 $\mathbf{R}_e^*$ 为有效解的集合。

3. 弱有效解（弱非劣解）

设 $\bar{X} \in \mathbf{R} = \{ X \mid g_i(X) \geqslant 0, i = 1, \cdots, m \}$，若不存在 $X \in \mathbf{R}$ 满足

$$\mathbf{F}(X) < \mathbf{F}(\bar{X})$$

则称 $\bar{X}$ 为多目标规划问题的弱有效解（弱非劣解），并令 $\mathbf{R}_{we}^*$ 为弱有效解集合。

4. 劣　解

设 $\bar{X} \in \mathbf{R} = \{ X \mid g_i(X) \geqslant 0, i = 1, \cdots, m \}, X^0 \in \mathbf{R}$，若有 $\mathbf{F}(X^0) \leqslant \mathbf{F}(\bar{X})$，即存在

$$f_j(X^0) \leqslant f_j(\bar{X})$$

且至少存在某 $j_0 (1 \leqslant j_0 \leqslant p)$，有

$$f_{j_0}(X^0) < f_{j_0}(\bar{X})$$

则称 $\bar{X}$ 为劣解。

5. 每一个目标单独的最优解

对每一单目标优化问题,令第 j 个单目标最优解集合为 $\mathbf{R}_j^*$。

6. 解集之间的关系

前面已经讨论了约束集合 $\mathbf{R}$、绝对最优解集合 $\mathbf{R}_a^*$、有效解集合 $\mathbf{R}_e^*$、弱有效解集合 $\mathbf{R}_{we}^*$ 和第 j 个单目标最优解集合 $\mathbf{R}_j^*$。现在进一步给出这些集合之间的关系如下:

① 弱有效解集合包含有效解集合,即

$$\mathbf{R}_{we}^* \supseteq \mathbf{R}_e^*$$

② 弱有效解集合包含每个单目标最优解集合,即

$$\mathbf{R}_{we}^* \supseteq \mathbf{R}_j^*$$

③ 当绝对最优解集合不空时,有效解集合包含绝对最优解集合,即

$$\mathbf{R}_e^* \supseteq \mathbf{R}_a^*$$

综上所述,可以得到如下关系:

$$\mathbf{R}_a^* \subseteq \mathbf{R}_e^* \subseteq \mathbf{R}_{we}^* \subseteq \mathbf{R}$$
$$\mathbf{R}_j^* \subseteq \mathbf{R}_{we}^*, \quad j = 1, \cdots, p$$

6.5　多目标问题的评价函数法

基本思路是:按不同情况构造不同的新函数,称为评价函数,按单目标优化的方法求评价函数的最优解,以此作为多目标问题的最终解答。

6.5.1　理想点法

对多目标问题中的每一个单目标求最优解,即

$$\min_{\mathbf{X} \in \mathbf{R}} f_j(\mathbf{X}) = f_j, \quad j = 1, 2, \cdots, p$$

若存在点 $\mathbf{X}^0$,对于所有 $j = 1, 2, \cdots, p$ 上式均成立,则称 $\mathbf{X}^0$ 为理想点。

尽管在多目标规划问题的求解中很难找到这样的理想点,但可以找到与理想点最近的点,为此可以构造出理想点的评价函数

$$h\big[\mathbf{F}(\mathbf{X})\big] = \left[\sum_{j=1}^{p} (f_j - f_j^0)^2\right]^{\frac{1}{2}}$$

将评价函数看作单目标问题,求

$$\min_{\mathbf{X} \in \mathbf{R}} h\big[\mathbf{F}(\mathbf{X})\big]$$

的最优解 $\bar{X}$,以此作为多目标规划问题的最终解。

此外,也可构造更一般形式的评价函数,即

$$h\big[\mathbf{F}(\mathbf{X})\big] = \left[\sum_{j=1}^{p} (f_j - f_j^0)^q\right]^{\frac{1}{q}}$$

式中,q 为大于 1 的整数。

6.5.2　虚拟目标法

首先,确定一个点 $\mathbf{X}^*$,使其满足

$$\min_{\boldsymbol{X} \in \mathbf{R}} f_j(\boldsymbol{X}) \geqslant f_j^*, \quad j = 1, \cdots, p$$

且 $f_j^* \neq 0$。

构造虚拟评价函数

$$h\big[\boldsymbol{F}(\boldsymbol{X})\big] = \left[\sum_{j=1}^{p} \left(\frac{f_j - f_j^*}{f_j^*}\right)^2\right]^{\frac{1}{2}}$$

上式除以 f_j^* 以使评价函数"无量纲"化。

然后,按单目标问题求最优解,即

$$\min_{\boldsymbol{X} \in \mathbf{R}} h\big[\boldsymbol{F}(\boldsymbol{X})\big] = \min_{\boldsymbol{X} \in \mathbf{R}} \left[\sum_{j=1}^{p} \left(\frac{f_j - f_j^*}{f_j^*}\right)^2\right]^{\frac{1}{2}}$$

采用虚拟目标法处理多目标问题,无需求每一个单目标的最优解,且可以综合具有不同量纲的各种目标。

6.5.3　平方和加权法

对于多目标规划问题的各个单目标取想象中的最优解

$$\min_{\boldsymbol{X} \in \mathbf{R}} f_j(\boldsymbol{X}) \geqslant f_j^0, \quad j = 1, \cdots, p$$

对应各个单目标 $f_1(\boldsymbol{X}), f_2(\boldsymbol{X}), \cdots, f_p(\boldsymbol{X})$ 给出一组权系数 $\lambda_1, \cdots, \lambda_p$,它们满足

$$\sum_{j=1}^{p} \lambda_j = 1, \quad \lambda_j > 0, \quad j = 1, \cdots, p$$

权系数代表对每一个目标与最优解之差值的不同要求:对于影响较大的目标,要求与最优解之差要小,λ_j 应取得大一些;对于影响较小的目标,λ_j 可取得小一些。按照各个单目标函数值与所取最好值之差尽量小的想法,构造评价函数

$$h\big[\boldsymbol{F}(\boldsymbol{X})\big] = \sum_{j=1}^{p} \lambda_j (f_j - f_j^0)^2$$

进而可以求单目标问题

$$\min_{\boldsymbol{X} \in \mathbf{R}} h\big[\boldsymbol{F}(\boldsymbol{X})\big] = \min_{\boldsymbol{X} \in \mathbf{R}} \sum_{j=1}^{p} \lambda_j (f_j - f_j^0)^2$$

的最优解 $\bar{\boldsymbol{X}}$,以此作为多目标规划问题的最终解。

平方和加权法与理想点法类似,但该方法不需要求出单目标的最优解,而只需根据所研究的重要程度乘以不同的加权系数 λ_j,方法简单适用,难点在于如何恰当地确定权系数。

6.5.4　乘除法

在多目标问题中,如果有一部分目标值越小越好,而另一部分目标值越大越好,则评价函数可以采用乘除法来构造。

设目标函数 $f_j(\boldsymbol{X}) > 0, j = 1, \cdots, p$,其中当 $j = 1, \cdots, l$ 时,要求目标值越小越好;当 $j = l+1, \cdots, p$ 时,要求目标值越大越好,即

$$f_1(\boldsymbol{X}), f_2(\boldsymbol{X}), \cdots, f_l(\boldsymbol{X}) \to \min$$
$$f_{l+1}(\boldsymbol{X}), f_{l+2}(\boldsymbol{X}), \cdots, f_p(\boldsymbol{X}) \to \max$$

那么构造的评价函数为

$$h\big[\boldsymbol{F}(\boldsymbol{X})\big]=\dfrac{\prod\limits_{j=1}^{l} f_j(\boldsymbol{X})}{\prod\limits_{j=l+1}^{p} f_j(\boldsymbol{X})}$$

求单目标问题

$$\min_{\boldsymbol{X}\in\mathbf{R}} h\big[\boldsymbol{F}(\boldsymbol{X})\big]=\min_{\boldsymbol{X}\in\mathbf{R}}\dfrac{\prod\limits_{j=1}^{l} f_j(\boldsymbol{X})}{\prod\limits_{j=l+1}^{p} f_j(\boldsymbol{X})}$$

的最优解 $\bar{\boldsymbol{X}}$，以此作为多目标规划问题的最终解。

6.5.5　线性加权和法

线性加权和法是处理多目标问题的最常用的方法。多目标问题的各个目标函数 $f_1(\boldsymbol{X})$，$f_2(\boldsymbol{X})$，…，$f_p(\boldsymbol{X})$按其重要程度，分别给予一组权系数 $\lambda_1,\lambda_2,\cdots,\lambda_p$，并满足条件

$$\sum_{j=1}^{p}\lambda_j=1,\quad \lambda_j\geqslant 0,\quad j=1,\cdots,p$$

取 $f_j(\boldsymbol{X})$与 λ_j 的线性组合为评价函数，即

$$h\big[\boldsymbol{F}(\boldsymbol{X})\big]=\sum_{j=1}^{p}\lambda_j f_j$$

求解单目标问题

$$\min_{\boldsymbol{X}\in\mathbf{R}} h\big[\boldsymbol{F}(\boldsymbol{X})\big]=\min_{\boldsymbol{X}\in\mathbf{R}}\sum_{j=1}^{p}\lambda_j f_j$$

的最优解，把它作为多目标规划问题的最终解。

这种方法的关键仍是如何给出恰当的权系数 λ_j，权系数的大小是对各目标函数重要程度的反映。决定权系数的方法有：

- 凭经验直接给出；
- 按经验公式计算得到；
- 综合经验数据和统计计算求得。

下面介绍几种确定权系数的方法。

（1）线性加权法

线性加权法的权系数计算公式为

$$\lambda_j=\dfrac{1}{f_j^0}$$

式中，$f_j^0=\min\limits_{\boldsymbol{X}\in\mathbf{R}} f_j(\boldsymbol{X})$，$j=1,2,\cdots,p$，即将各单目标最优解的倒数取为相应的权系数。

（2）α 方法

该方法首先求出 p 个单目标规划问题

$$\min_{\boldsymbol{X}\in\mathbf{R}} f_j(\boldsymbol{X})$$

的最优解 $\boldsymbol{X}^j$，$j=1,2,\cdots,p$，再用每一个 $\boldsymbol{X}^j$ 算出 p 个目标函数值

$$f_j^i=f_j(\boldsymbol{X}^i),\quad j=1,\cdots,p,\quad i=1,\cdots,p$$

过 p 个点 $(f_1^i, f_2^i, \cdots, f_p^i)^{\mathrm{T}}$ 作一个超平面,设方程为

$$\sum_{j=1}^{p} \lambda_j f_j^i = \alpha$$

式中, $\sum_{j=1}^{p} \lambda_j = 1, \lambda_j \geqslant 0$。于是得到 $p+1$ 个线性方程组,即可求出权系数 $\lambda_1, \lambda_2, \cdots, \lambda_p$ 和待定系数 α。

(3)"专家法"

这是一种综合了经验和统计计算的方法,可就多目标问题中的各单目标加权系数的大小分别征求多个专家的意见,让专家们给出各单目标的加权系数值。假设第 k 个专家给出的加权系数为 $\lambda_{k1}, \lambda_{k2}, \cdots, \lambda_{kp}$,并进行表 6.1 所列的统计方式。

表 6.1 "专家法"权系数确定方法

权系数 专家	λ_1	λ_2	$\cdots$	λ_j	$\cdots$	λ_p
1	λ_{11}	λ_{12}	$\cdots$	λ_{1j}	$\cdots$	λ_{1p}
$\vdots$	$\vdots$	$\vdots$		$\vdots$		$\vdots$
k	λ_{k1}	λ_{k2}	$\cdots$	λ_{kj}	$\cdots$	λ_{kp}
$\vdots$	$\vdots$	$\vdots$		$\vdots$		$\vdots$
l	λ_{l1}	λ_{l2}	$\cdots$	λ_{lj}	$\cdots$	λ_{lp}
平均值	$\frac{1}{l}\sum\limits_{i=1}^{l}\lambda_{i1}$	$\frac{1}{l}\sum\limits_{i=1}^{l}\lambda_{i2}$	$\cdots$	$\frac{1}{l}\sum\limits_{i=1}^{l}\lambda_{ij}$	$\cdots$	$\frac{1}{l}\sum\limits_{i=1}^{l}\lambda_{ip}$

统计的时候,可先给定权系数的允许误差数值 ε。如果

$$\max_{1 \leqslant k \leqslant l} \sum_{j=1}^{p} \left(\lambda_{kj} - \frac{1}{l}\sum_{i=1}^{l}\lambda_{ij} \right)^2 \leqslant \varepsilon$$

则取

$$\bar{\lambda} = \left(\frac{1}{l}\sum_{i=1}^{l}\lambda_{i1}, \cdots, \frac{1}{l}\sum_{i=1}^{l}\lambda_{ij}, \cdots, \frac{1}{l}\sum_{i=1}^{l}\lambda_{ip} \right)^{\mathrm{T}}$$

为满意的加权;否则,对于偏差大的 λ_j,可征求专家们的意见进行修改,直至符合要求为止。

习　题

1. 怎样处理优化设计问题中的约束条件?有哪些具体方法?
2. 试分别写出外罚函数法和内罚函数法的基本算法步骤。
3. 在多目标优化中,请简述劣解、最优解、非劣解、选好解的含义。
4. 请写出多目标优化问题的数学表达式。
5. 请给出至少两种将多目标优化转换为单目标优化的方法,并论述其转换过程。

第7章　多学科优化策略

多学科设计优化（MDO）隶属于工程领域，专注于使用数值优化方法来设计复杂系统或子系统。多学科系统的特性不仅取决于各个单学科的特性，还取决于它们之间的相互作用。在优化问题中考虑这些相互作用通常需要合理的数学公式。在设计过程中，当利用先进的计算机分析工具解决 MDO 问题时，设计人员可在改进设计的同时缩短设计周期和减少成本。

MDO 的起源可以追溯到 Schmit[1-4] 和 Haftka[5-8]，他们将自己在结构优化方面的经验扩展到其他学科。飞机机翼设计较早应用了 MDO，其涉及气动、结构和控制三个强耦合的学科。从那时起，MDO 的应用逐渐扩展到完整的飞机和其他工程系统，如桥梁、建筑物、铁路车辆、显微镜、汽车、船舶、螺旋桨、旋翼机、风力涡轮机和航天器。

实施 MDO 时最重要的考虑因素之一是如何组织学科分析模型、近似模型（如果有）和优化软件与优化问题相一致，从而实现优化设计。（本章指的是局部意义上的"最优"，因为通常很难获取全局最优性。）这种优化问题和组织策略的组合被称为 MDO 策略或架构，即多学科优化策略或架构。

MDO 架构定义了不同模型如何耦合以及如何解耦的整体优化问题。该架构可以是整体式的，也可以是分布式的。在整体式架构中，解决了具有一个优化器的优化问题。在分布式架构中，同一问题被划分为多个包含设计变量和约束的子问题。

尽管可以使用许多不同的架构来解决给定的优化设计问题，正如可以使用许多算法来解决给定的优化问题一样，架构的选择对求解时间和最终设计方案都有重要影响。例如，使用全局优化算法而不是基于梯度的算法可能会得到更好的设计方案，因为基于梯度的优化器可能会在设计早期收敛到局部最小值。但是，如果可以有效地计算梯度，那么基于梯度的优化计算成本会远低于全局优化的计算成本，因为学科分析不需要运行很多次。如果给定架构所需的计算易于并行，且并行计算可方便实施的话，那么尽管增加了计算时间，分布式架构也可能比整体式架构更受欢迎。

在实践中，综合考虑计算环境、算法及设计优化问题对于选择合适的 MDO 架构是必要的。下面重点考虑单目标函数和具有连续设计变量的 MDO 问题。假设给定设计方案满足 Karush-Kuhn-Tucker (KKT) 最优性条件。由于 KKT 条件是局部最优的必要条件，因此不同的架构可能获得不同的（但同样有效的）局部最优。KKT 条件需要函数梯度是可用的，因此需要假设目标函数和约束函数是可微的。然而，针对多目标问题或离散变量问题也发展出多种优化架构，这些架构在不使用梯度或博弈论中最优性概念的情况下也可以求出最优解。

在有关 MDO 的一些文献中，也使用了几个术语来描述上面所说的"架构"，如"方法"、"方法论"、"策略"、"程序"和"算法"等。有些作者使用多种术语，并在同一篇论文中互换使用它们。我们对"架构"一词的选择来自这样一个事实，即优化问题和解决算法之间不是一对一的。例如，用代理模型替换学科分析，或者重新排序学科分析不会影响优化问题，但会影响求解算法。

一般来说，工程系统优化问题是多维、多目标、多学科的，目前还没有找到解决这种复杂问题的通用方法。当前在多学科优化领域发表了大量论文,并结合丰富的实践经验提出了 MDO 概念,它同时利用了多级、多标准和并行优化技术。这种概念的一般构图如图 7.1 所示。

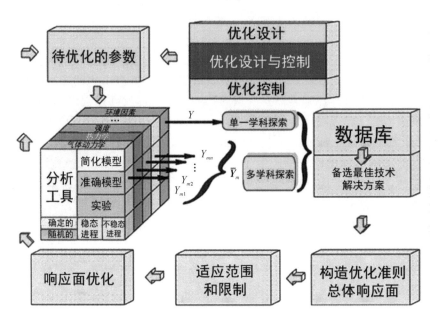

图 7.1　多学科设计优化的概念

所有优化问题都可能采用这种方案,其中在多层的立方体中,每个层对应于一个单独的工程学科。在每个学科的框架内,可以使用不同的工具进行学科分析,从最简单的数学模型到初始优化问题。MDO 方法基于了响应面技术和近似概念。在这些框架内使用近似概念的优点是:能利用较少的可用信息来确保更好的近似,也能通过应用自组织和进化建模的想法来确保在优化过程中逼近不断发生变化的函数,使得我们能够逼近目标函数和约束函数,从而获得它们的响应面函数,进而可用于多级优化程序。在解决多学科优化问题时,通过单学科和多学科分析,这些响应面也可用于解决多目标优化问题。我们策略的另一部分是当前搜索区域的自适应变化,这种自适应变化使得在不应用卷积方法的情况下搜索 Pareto 最优解集成为可能。

下面以可控的飞机轴向压缩机为例制定优化问题。在进行飞机压缩机优化时,不仅需要考虑某一设计点的较高性能,还要确保整个运行范围内的高性能。因此,表征压缩机的设计变量可分为两组:第一组变量(设计变量)为特性不随操作模式改变而变化的量,第二组为设计者有目的控制的变量。

通常可以定义如下 3 种与"最佳"压缩机设计相关的优化问题:

① 最优设计问题。本问题的目标是确定最优设计变量,这些变量的值与操作模式无关。

② 最优控制问题。本问题的目标是在给定第一组变量和不可变变量的情况下,找到在所有操作模式下第二组变量的最优控制律。

③ 最优设计与控制问题。本问题的目标是同时确定设计变量和控制律的最优值。

第 3 个优化问题似乎是最好的设计方案,因为它考虑了压缩机设计与可控性之间的相互依赖关系。该问题的解决使我们能够以最全面的方式实现设计和控制功能。

第 3 个问题也是 MDO 问题的一个典型例子。在该例子中,最初的压缩机方案是"手工"获得的(没有使用优化方法),后来以效率最大值(即设计点运行模式 $n_{rc}=1.0$)为目标对不可控压缩机进行了优化设计。对于这个例子,最优控制问题已经解决,压缩机效率 $n_{rc}=0.8$;同时优化了两种运行模式,即同时进行设计参数和控制律的优化,从而进一步提高了压缩机效率。不同优化问题对应的压缩机效率如图 7.2 所示。

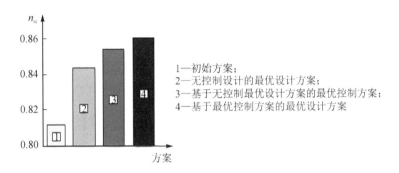

1—初始方案;
2—无控制设计的最优设计方案;
3—基于无控制最优设计方案的最优控制方案;
4—基于最优控制方案的最优设计方案

图 7.2　不同优化问题对应的压缩机效率增长情况

下面在介绍多学科优化策略之前,先给出部分参数的含义(见表 7.1),以便后续讨论分析。

表 7.1　多学科优化策略中不同符号的含义

符　号	含　义	符　号	含　义
x	设计变量矢量	n	变量矢量维数
y	耦合状态变量矢量	m	约束矢量维数
$\bar{y}$	状态变量矢量	$(\ )_0$	全局变量或函数
f	目标函数矢量	$(\ )_i$	学科 i 的局部变量或函数
c	设计约束矢量	$(\ )^*$	设计变量最优解
c^c	一致性约束条件	$(\tilde{\ })$	给定函数矢量的近似函数
R	为零时表示状态方程组; 不为零时表示状态方程组的残差	$(\hat{\ })$	状态变量副本(辅助变量)
N	学科数目		

在表 7.1 中,$x=(x_0^T,x_1^T,\cdots,x_N^T)^T$,$x_0$ 表示全局设计变量,$x_i(i=1,2,\cdots,N)$ 表示对应学科 i 的局部设计变量。$R=(R_1,R_2,\cdots,R_N)^T$,当 $R_i(i=1,2,\cdots,N)$ 为零时表示对应学科 i 的状态方程,求解该状态方程可得状态变量 $\bar{y}_i$;当 R_i 不为零时表示状态方程的残差。

在多学科优化系统中,多数学科需要耦合状态变量来表征整个系统的相互作用,通常在进行某一学科分析时,这类变量比状态变量的个数要少。例如在飞行器设计中,结构分析不需要整个流场的状态变量,但需要飞行器表面的气动载荷,此时气动载荷即为耦合状态变量。通常耦合状态变量 y_i 可以通过状态变量 $\bar{y}_i$ 以某种方式转换得到,两者有一定的联系,这个联系可以用 R_i 表示。

在许多分析中,引入耦合状态变量的副本可使各学科独立、并行地分析,这些副本有时也称为目标变量,并将其表示为$\hat{y}$,如学科i的耦合状态变量的副本可以表示为$\hat{y}_i$;这些变量是相对独立的,且依赖于学科i的耦合状态变量y_i,同时作为某一学科分析的输入。为了确保输入变量与输出优化结果的一致性,通常在有约束的优化问题里定义一致性约束条件$c_i^c = \hat{y}_i - y_i$。

下面以某客机机翼气动结构优化为例,介绍多种多学科优化策略,为了便于计算,机翼气动和结构的分析均采用简化模型,其中机翼气动计算采用一种平板方法,结构计算则看作一个单独梁,如图7.3所示。

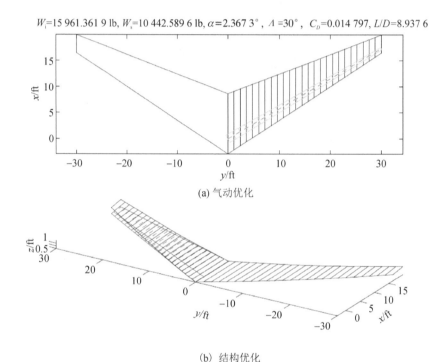

$W_i = 15\,961.361\,9$ lb, $W_s = 10\,442.589\,6$ lb, $\alpha = 2.367\,3°$, $\Lambda = 30°$, $C_D = 0.014\,797$, $L/D = 8.937\,6$

(a) 气动优化

(b) 结构优化

注:1 ft=0.304 8 m,1 lb=0.454 kg。

图 7.3　机翼气动和结构优化的简化模型

图 7.3 所示机翼的气动和结构优化所需输入和输出的参数如下:
- 气动输入参数:迎角 α 和机翼扭转分布 γ_i;
- 气动输出参数:升力 L 和诱导阻力 D;
- 结构输入参数:梁的厚度 t_i;
- 结构输出参数:梁重,通过添加到固定重量上得到总重 W 和每个有限元的最大应力 σ_i。

本例的目标是飞机航程最大,采用 Breguet 航程公式

$$R_B = \frac{V}{c_0} \frac{L}{D} \ln \frac{W_i}{W_f} \quad (c_0 \text{ 表示声速}) \tag{7.1}$$

其满足的状态方程有

$$\left.\begin{array}{l} A\Gamma - v(u, \alpha) = 0 \\ Ku - F(\Gamma) = 0 \\ L(\Gamma) - W = 0 \end{array}\right\} \tag{7.2}$$

状态向量为

$$y = \begin{bmatrix} \Gamma \\ u \\ \alpha \end{bmatrix} \tag{7.3}$$

设计变量包括机翼后掠角 Λ、结构厚度 t 和扭转分布 γ，即

$$\left. \begin{array}{l} x_0[1] = \Lambda \\ x = \begin{bmatrix} t \\ \gamma \end{bmatrix} \end{array} \right\} \tag{7.4}$$

式中,机翼后掠角 Λ 为全局设计变量,结构厚度 t 及扭转分布 γ 为局部设计变量。下面利用不同多学科优化策略求该问题的最优解。

7.1　整体式优化策略

7.1.1　All-At-Once(AAO)优化策略

在介绍特殊的多学科优化策略之前,先给出一般形式的多学科优化策略,其他优化策略可以通过其变形得到。MDO 问题的一般表达形式是

$$\left. \begin{array}{ll} \min\limits_{x,\hat{y},y,\bar{y}} & f_0(x,y) + \sum_{i=1}^{N} f_i(x_0,x_i,y_i) \\[2mm] \text{s.t.} & c_0(x,y) \geqslant 0 \\[1mm] & c_i(x_0,x_i,y_i) \geqslant 0, & i=1,\cdots,N \\[1mm] & c_i^c = \hat{y}_i - y_i = 0, & i=1,\cdots,N \\[1mm] & R_i(x_0,x_i,\hat{y}_{j \neq i},\bar{y}_i,y_i) = 0, & i=1,\cdots,N \end{array} \right\} \tag{7.5}$$

式中,此优化问题包含所有变量,即设计变量、耦合状态变量、状态变量,以及一致性约束及状态方程等。其中设计变量 $x = (x_0^T, x_1^T, \cdots, x_N^T)^T$,耦合状态变量 $y = (y_0^T, y_1^T, \cdots, y_N^T)^T$,状态变量 $\bar{y} = [\bar{y}_0^T, \bar{y}_1^T, \cdots, \bar{y}_N^T]^T$;$f_i$ 表示局部目标函数,与全局设计变量和学科 i 的局部设计变量有关。当不强调某一局部目标函数时,可将所有局部目标函数求和表示。对于设计约束 $c = (c_0^T, c_1^T, \cdots, c_N^T)^T$,其约束条件表示为大于或等于零;不失一般性,对于小于或等于零的情况也适用。

7.1.2　同时分析与设计(SAND)优化策略

若将优化问题公式(7.5)中的一致性约束方程 $c_i^c = \hat{y}_i - y_i = 0$ 去掉,则可以得到 SAND 架构,其优化问题可表示为

$$\left. \begin{array}{ll} \min\limits_{x,y,\bar{y}} & f_0(x,y) \\[2mm] \text{s.t.} & c_0(x,y) \geqslant 0 \\[1mm] & c_i(x_0,x_i,y_i) \geqslant 0, & i=1,\cdots,N \\[1mm] & R_i(x_0,x_i,\bar{y}_i,y_i) = 0, & i=1,\cdots,N \end{array} \right\} \tag{7.6}$$

SAND 架构是值得研究的,因为它在迭代过程中不需要进行任何学科分析,即在求解状态方程时,它的优化器可以在不可行区域进行搜索,只要满足约束分析的条件 R_i 即可。SAND 方法严格上说不是多学科优化系统,而可以看作是单学科优化问题。

SAND 架构有两个显著的问题。第一,该优化问题仍然需要所有状态变量满足学科分析方程,因此随着问题规模的增加,可能会在不可行设计点处终止优化,得到不可行的设计方案;第二,更重要的是,在优化过程中学科分析方程被当作显式的约束条件,在优化过程中其残差或导数是可用的。换句话说,对于每个学科 i 来说,需提前确定 y_i 和 $\bar{y}_i$,然后返回残差 R_i,而不是通过 $R_i = 0$ 计算得到 y_i 和 $\bar{y}_i$。在实际工程设计中,用于学科分析的软件就像"黑盒子"一样,只能给出耦合状态变量的值,而无法给出学科分析的残差的值。即便对软件进行改进可以得到残差,也会消耗很大的成本。因此,绝大多数的实际 MDO 问题需要一种可以充分利用学科分析软件的优化架构。下面介绍的两种整体式优化架构就是如此。

若采用 SAND 架构,则机翼气动结构优化问题可描述为

$$
\left.
\begin{aligned}
\min \quad & -R \\
& \Lambda, \gamma, t, \Gamma, \alpha, u \\
\text{s.t.} \quad & \sigma_{\text{yield}} - \sigma_i(u) \geqslant 0 \\
& A\Gamma = v(u, \alpha) \\
& K(t)u = f(\Gamma) \\
& L(\Gamma) - W(t) = 0
\end{aligned}
\right\}
\tag{7.7}
$$

7.1.3　单学科可行法(IDF)优化策略

若将优化问题公式(7.5)中的状态方程 $R_i(x_0, x_i, \hat{y}_{j \neq i}, \bar{y}_i, y_i) = 0$ 去掉,则可得到 IDF 架构。对于优化问题公式(7.5)中的状态变量 $\bar{y}_i$ 和耦合状态变量 y_i,利用隐函数理论,将其表示为关于设计变量和耦合状态变量副本的函数。IDF 框架的优化问题可表示为

$$
\left.
\begin{aligned}
\min \quad & f_0(x, y(x, \hat{y})) \\
& x, \hat{y} \\
\text{s.t.} \quad & c_0(x, y(x, \hat{y})) \geqslant 0 \\
& c_i(x_0, x_i, y_i(x_0, x_i, \hat{y}_{j \neq i})) \geqslant 0, \quad i = 1, \cdots, N \\
& c_i^c = \hat{y}_i - y_i(x_0, x_i, \hat{y}_{j \neq i}) = 0, \qquad i = 1, \cdots, N
\end{aligned}
\right\}
\tag{7.8}
$$

与式(7.5)相比,式(7.8)显著的特点是去除了状态变量和学科分析方程。所有的耦合状态变量通过设计变量和耦合状态变量副本隐式地表达,从而迭代时可以直接求解学科分析方程。

然而,IDF 优化策略仍然存在维数问题。当耦合状态变量的数量很大时,将会影响求解优化问题的计算效率。通过采用选择学科变量分量或整合耦合变量的方式可以在某种程度上降低学科之间的信息传递量,从而提高计算效率。

如果将基于梯度的优化软件用于求解 IDF 问题中,那么梯度的计算会变为另一个问题。当学科分析很耗时的时候,目标函数和约束函数梯度的计算也会很耗时。这是因为梯度自身必须满足学科可行性,即设计变量的变化应能使输出耦合变量满足学科分析方程的一阶导数。

实际中,梯度的计算通常利用了某种有限差分软件,对于每个设计变量都要进行学科分

析。尽管这种方法保证了学科可行性,但是计算成本高且不可靠。如果学科分析代码可以使用复数,那么复数步长法是一种能够给出机器精度导数估计的迭代方法。如果分析代码运行需要很长时间,那么可以采用自动微分或解析导数(或伴随方法)的方式来避免多学科分析计算。尽管这些方法的操作时间比较长,但会使导数估计精度得到改善和降低计算成本,特别是对于那些高保真模型的优化设计问题。

若采用 IDF 优化策略,则机翼气动结构优化问题可描述为

$$
\begin{aligned}
&\min_{\Lambda,\gamma,t,\Gamma^t,\alpha^t,u^t} \quad -R \\
&\text{s.t.} \quad
\left.\begin{aligned}
&\sigma_{\text{yield}} - \sigma_i(u) \geqslant 0 \\
&\Gamma^t - \Gamma = 0 \\
&\alpha^t - \alpha = 0 \\
&u^t - u = 0
\end{aligned}\right\}
\end{aligned}
\tag{7.9}
$$

7.1.4　多学科可行法(MDF)优化策略

若将优化问题公式(7.5)中的状态方程和一致性约束方程都去掉,则可得到 MDF 架构,这种架构在其他文献里被称作集成优化和嵌套分析设计法。该优化问题可表示为

$$
\begin{aligned}
&\min_{x} \quad f_0(x, y(x, y)) \\
&\text{s.t.} \quad
\left.\begin{aligned}
&c_0(x, y(x, y)) \geqslant 0 \\
&c_i(x_0, x_i, y_i(x_0, x_i, y_{j \neq i})) \geqslant 0, \quad i = 1, \cdots, N
\end{aligned}\right\}
\end{aligned}
\tag{7.10}
$$

与其他整体式多学科优化策略相比,MDF 的一个明显优势是优化规模较小,它更像是一个整体架构,因为只有设计变量、目标函数和设计约束参与了整个优化过程。另外一个优势是 MDF 返回的设计方案通常满足一致性约束,即便优化过程提前终止。如果在时间有限的情况下,且人们所关心的是可以找到一个改进的设计方案,即便在数学上不是严格最优的方案,MDF 的优化结果对工程设计环境依然是有利的。需要注意的是,如果优化提前终止,那么得到的设计方案可能不满足设计约束,这取决于所使用的搜索策略确定的设计点是否可行。特别的,可行方向法通常能够确保可行的设计点,但是其他方法如序列二次规划或内点法都不能确保设计点可行。

MDF 的主要缺点是每次重新计算目标函数和约束函数时都必须计算一组耦合变量并返回给优化器。换句话说,该架构每次优化迭代都需要进行一次完整的多学科分析(MDA)。不像在 IDF 中那样,每次迭代只需进行每个单独的学科分析,MDF 需要进行多次每一学科的分析,直至找到一组一致耦合的变量。这个任务需要在优化之外有其自己的迭代过程。此外,开发 MDA 程序可能也非常耗时。

MDF 的梯度计算也比 IDF 困难得多。IDF 中的梯度信息必须是单学科可行的,而 MDF 中的梯度信息则必须对所有学科都是可行的。

若采用 MDF 优化策略,则机翼气动结构优化问题可描述为

$$
\begin{aligned}
&\min_{\Lambda,\gamma,t} \quad -R \\
&\text{s.t.} \quad
\left.\sigma_{\text{yield}} - \sigma_i(u) \geqslant 0\right\}
\end{aligned}
\tag{7.11}
$$

其中的气动结构分析可表示为

$$\left.\begin{array}{r}A\Gamma - v(u,\alpha)=0\\K(t,\Lambda)u - f(\Gamma)=0\\L(\Gamma)-W(t)=0\end{array}\right\}\qquad(7.12)$$

整体式优化策略之间的转换关系如图 7.4 所示。从 AAO 策略开始,通过移除一致性约束条件、耦合状态变量副本、控制方程、耦合状态变量、状态变量等变量即可得到整体式优化策略。

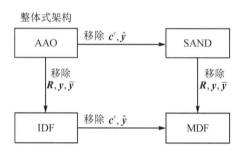

图 7.4 整体式优化策略之间的关系

7.2 分布式优化策略

到目前为止所讨论的都是整体式 MDO 架构,它们都是求解单独优化问题的架构。还有更多的架构相继被提出,这些架构就是分布式优化架构或称分布式优化策略,它们将同一优化问题分解为一系列子优化问题,这些子优化问题的解重新组合后可得原优化问题的解。在介绍分布式优化策略之前,先讨论发展这类 MDO 架构的动机。

在优化的早期,分解技术的动机是利用优化问题本身的结构来减少求解时间。许多大型优化问题,如网络流量问题和资源分配问题,都表现出这种特殊的结构。

为了更好理解这种分解技术的思想,考虑如下优化问题:

$$\left.\begin{array}{l}\min\ \sum_{i=1}^{N}\boldsymbol{f}_i(\boldsymbol{x}_i)\\[2mm]\boldsymbol{x}_1,\boldsymbol{x}_2,\cdots,\boldsymbol{x}_N\\[2mm]\text{s.t.}\ \ \boldsymbol{c}_0(\boldsymbol{x}_1,\boldsymbol{x}_2,\cdots,\boldsymbol{x}_N)\geqslant\mathbf{0}\\[2mm]\boldsymbol{c}_1(\boldsymbol{x}_1)\geqslant\mathbf{0},\boldsymbol{c}_2(\boldsymbol{x}_2)\geqslant\mathbf{0},\cdots,\boldsymbol{c}_N(\boldsymbol{x}_N)\geqslant\mathbf{0}\end{array}\right\}\qquad(7.13)$$

在优化问题公式(7.13)中,一方面,没有全局设计变量 $\boldsymbol{x}_0$,并且目标函数都是可分离的,即它可以写成一系列函数的和,每个函数都依赖于局部设计变量 $\boldsymbol{x}_i$。另一方面,设计约束包含一系列约束条件, $\boldsymbol{c}_0$ 至少与一个设计变量有关,被称为复合约束条件。如果 $\boldsymbol{c}_0$ 不存在,则可以将公式(7.13)的优化问题分解为 N 个相对独立的优化问题,同时采用并行求解。

另一种情况可能是优化问题包含全局设计变量和可分离的目标函数,但没有复合约束条件,即

$$\min \sum_{i=1}^{N} \boldsymbol{f}_i(\boldsymbol{x}_0, \boldsymbol{x}_i)$$

$$\boldsymbol{x}_0, \boldsymbol{x}_1, \boldsymbol{x}_2, \cdots, \boldsymbol{x}_N$$

$$\text{s.t.}\quad \boldsymbol{c}_1(\boldsymbol{x}_0, \boldsymbol{x}_1) \geqslant \boldsymbol{0}, \boldsymbol{c}_2(\boldsymbol{x}_0, \boldsymbol{x}_2) \geqslant \boldsymbol{0}, \cdots, \boldsymbol{c}_N(\boldsymbol{x}_0, \boldsymbol{x}_N) \geqslant \boldsymbol{0}$$

$$(7.14)$$

在这种情况下,如果没有全局设计变量 $\boldsymbol{x}_0$,则分解将很简单。同样,将优化问题分解为 N 个相对独立的优化问题,并进行计算。

一些特殊的分解方法也相继被提出,它们可以考虑复合(全局)变量或约束,但相比那些 N 个相对独立的优化问题,其计算时间和成本都略有增加。然而,这些分解方法仅对一些简单算法,如线性规划问题起作用,只对一类特殊结构有效。基于牛顿法的非线性优化算法,如序列二次规划或内点法,也可以使用矩阵分解技术来处理优化理论中矩阵的稀疏性。还有一些非线性分解算法被提出,但目前这些算法与采用矩阵分解的牛顿法相比,性能如何还无法确定。直觉表明后者的性能更好,因为牛顿法利用了二阶导数信息。因此,尽管非线性优化问题存在分解方法,但优化问题的结构分解并不是其发展的主要动机。

MDO 问题中的分解思想动机主要来自实际工程设计环境的组成。典型的工业实践包括分解大型复杂系统设计并将其分配给特定的工程小组。这些小组由于其地理位置的分布而不能进行深入的交流。此外,这些小组通常是对自己设计的程序保留主观意见,并利用内部专业知识而很少将学科分析结果传递给上一层(中央设计机构)。通过分布式架构进行分解允许各个设计小组独立工作,控制他们自己的设计变量,同时定期收到来自其他小组的更新信息以改善他们的设计方案。与整体式优化策略相比,分布式优化策略更符合当前工业设计实践。

在工业领域中,MDO 问题中的"学科"概念可以有多种形式。传统上,学科是根据知识领域定义的,例如,飞机设计学科包括空气动力学、结构、推进、控制和隐身等。这种定义方式也符合现有的分析代码。然而,原则上,MDO 中的学科可以由任意合适的部分组成。例如,如果飞机结构设计按部件(如机翼、尾翼和机身)分解,那么每个部件的设计也可以视为一个学科。因此,工业界的 MDO 问题可能包含数百个学科,这取决于公司的自身架构,而如何在分布式 MDO 架构中确定学科则由公司决定。

独立工作的学科设计小组的架构对学科分析的时间有着一定的影响。在整体式架构中,基于优化器或 MDA 程序的学科分析软件的运行次数都相同。在并行计算里,这种方法可以被认为是一种同步算法。但在某些复杂的优化系统中,优化效率会受到影响,因为进行分析和优化的处理器在等待其他处理器更新信息时会经历长时间的停滞状态。在并行计算语言中,一方面,计算效率会表现出很差的负载平衡;另一方面,在航空结构优化中,非线性空气动力学求解器可能比线性结构求解器多一个数量级的运行时间。通过分解优化问题,可以允许具有较低计算成本的学科分析自动执行更多优化来平衡处理器的工作负载问题。那些对优化要求不高的学科也可能被允许在更新局部信息之前获取更多进展。换句话说,设计过程不仅是并行发生的,而且是异步发生的。总体而言,这可能会带来更多的计算工作量,但优化架构本质上的并行属性允许大部分工作同时进行,这样会缩短总体运行时间。

7.2.1　并行子空间(CSSO)优化策略

CSSO 优化策略是一种典型的分布式架构,用于求解大规模 MDO 问题。初始数学模型将系统优化问题分解为相对独立的子问题。在每次迭代时计算全局灵敏度信息,以使每个子问题线性逼近 MDA,从而改善收敛性。系统级优化协调各子系统的优化结构,重新计算分配给每个子系统的"责任"、"权衡"和"转换"系数,以提供满足非局部约束的设计变量信息。这些系数可以使每个子系统内具有一定程度的自主权。Shankar 等人[9]对初始 CSSO 架构进行了改进,提出了更新系数的方法,并在二元和三元二次优化问题上进行了测试。但是他们所改进的架构性能对参数选择非常敏感,需要进一步改进才能在更复杂的非线性问题上使用 CSSO。

这里考虑的版本是基于 Sellar 等人[10]的工作,他们利用每个学科分析的代理模型来模拟学科之间的耦合。CSSO 策略可表示为

$$
\begin{aligned}
\min \quad & \boldsymbol{f}_0(\boldsymbol{x}, \tilde{\boldsymbol{y}}(\boldsymbol{x}, \tilde{\boldsymbol{y}})) \\
& \boldsymbol{x} \\
\text{s. t.} \quad & \boldsymbol{c}_0(\boldsymbol{x}, \tilde{\boldsymbol{y}}(\boldsymbol{x}, \tilde{\boldsymbol{y}})) \geqslant 0, \\
& \boldsymbol{c}_i(\boldsymbol{x}_0, \boldsymbol{x}_i, \tilde{\boldsymbol{y}}_i(\boldsymbol{x}_0, \boldsymbol{x}_i, \tilde{\boldsymbol{y}}_{j \neq i})) \geqslant 0, \quad i = 1, 2, \cdots, N
\end{aligned} \tag{7.15}
$$

每个子系统 i 的优化问题可写为

$$
\begin{aligned}
\min \quad & \boldsymbol{f}_0(\boldsymbol{x}, \boldsymbol{y}_i(\boldsymbol{x}_i, \tilde{\boldsymbol{y}}_{j \neq i}), \tilde{\boldsymbol{y}}_{j \neq i}) \\
& \boldsymbol{x}_0, \boldsymbol{x}_i \\
\text{s. t.} \quad & \boldsymbol{c}_0(\boldsymbol{x}, \tilde{\boldsymbol{y}}(\boldsymbol{x}, \tilde{\boldsymbol{y}})) \geqslant 0, \\
& \boldsymbol{c}_i(\boldsymbol{x}_0, \boldsymbol{x}_i, \boldsymbol{y}_i(\boldsymbol{x}_0, \boldsymbol{x}_i, \tilde{\boldsymbol{y}}_{j \neq i})) \geqslant 0, \quad i = 1, 2, \cdots, N \\
& \boldsymbol{c}_j(\boldsymbol{x}_0, \tilde{\boldsymbol{y}}_j(\boldsymbol{x}_0, \tilde{\boldsymbol{y}})) \geqslant 0, \quad\quad\quad j = 1, \cdots, i-1, i+1, \cdots, N
\end{aligned} \tag{7.16}
$$

7.2.2 协调(CO)优化策略

在 CO 优化策略中,利用了耦合变量和全局设计变量副本来使子系统优化彼此独立,在迭代求解过程中所有学科共享这些副本。各学科优化的独立性与数据共享协议相结合,使得这种架构更适用于全局设计变量较少的优化问题。CO 系统级优化可表示为

$$
\begin{aligned}
\min \quad & \boldsymbol{f}_0(\boldsymbol{x}_0, \hat{\boldsymbol{x}}_1, \cdots, \hat{\boldsymbol{x}}_N, \hat{\boldsymbol{y}}) \\
& \boldsymbol{x}_0, \hat{\boldsymbol{x}}_1, \cdots, \hat{\boldsymbol{x}}_N, \hat{\boldsymbol{y}} \\
\text{s. t.} \quad & \boldsymbol{c}_0(\boldsymbol{x}_0, \hat{\boldsymbol{x}}_1, \cdots, \hat{\boldsymbol{x}}_N, \hat{\boldsymbol{y}}) \geqslant \boldsymbol{0} \\
& J_i^* = \|\hat{\boldsymbol{x}}_{0i} - \boldsymbol{x}_0\|_2^2 + \|\hat{\boldsymbol{x}}_i - \boldsymbol{x}_i\|_2^2 + \\
& \quad\quad \|\hat{\boldsymbol{y}}_i - \boldsymbol{y}_i(\hat{\boldsymbol{x}}_{0i}, \boldsymbol{x}_i, \hat{\boldsymbol{y}}_{j \neq i})\|_2^2 = 0, \quad i = 1, \cdots, N
\end{aligned} \tag{7.17}
$$

式中,$\hat{\boldsymbol{x}}_{0i}$ 表示全局设计变量的副本,由学科 i 操控;$\hat{\boldsymbol{x}}_i$ 表示子系统局部设计变量的副本,这些副本是相对独立的变量,其值由不同子系统优化确定。等式约束用于确保两个副本在最优设计中达成一致。只有当这些变量直接影响设计目标时,才会引入局部设计变量的副本。

CO 子系统级优化可表示为

$$
\begin{aligned}
\min \quad & J_i(\hat{\boldsymbol{x}}_{0i}, \boldsymbol{x}_i, \boldsymbol{y}_i(\hat{\boldsymbol{x}}_{0i}, \boldsymbol{x}_i, \hat{\boldsymbol{y}}_{j \neq i})) \\
& \hat{\boldsymbol{x}}_{0i}, \boldsymbol{x}_i \\
\text{s. t.} \quad & \boldsymbol{c}_i(\hat{\boldsymbol{x}}_{0i}, \boldsymbol{x}_i, \boldsymbol{y}_i(\hat{\boldsymbol{x}}_{0i}, \boldsymbol{x}_i, \hat{\boldsymbol{y}}_{j \neq i})) \geqslant \boldsymbol{0}
\end{aligned} \tag{7.18}
$$

综上,系统级优化问题负责最小化设计目标,而学科级优化问题则与系统级优化问题不一致。

若采用 CO 优化策略,则机翼气动结构优化问题的系统级优化可描述为

$$\left.\begin{array}{ll} \min & -R \\ \Lambda^t,\Gamma^t,\alpha^t,u^t,W^t & \\ \text{s. t.} & J_1^*\leqslant 10^{-6} \\ & J_2^*\leqslant 10^{-6} \end{array}\right\} \tag{7.19}$$

子系统的气动优化可描述为

$$\left.\begin{array}{ll} \min & J_1=\left(1-\dfrac{\Lambda}{\Lambda^t}\right)^2+\sum\left(1-\dfrac{\Gamma_i}{\Gamma_i^t}\right)^2+\left(1-\dfrac{\alpha}{\alpha^t}\right)^2+\left(1-\dfrac{W}{W^t}\right)^2 \\ \Lambda,\gamma,\alpha & \\ \text{s. t.} & L-W=0 \end{array}\right\} \tag{7.20}$$

子系统的结构优化可描述为

$$\left.\begin{array}{ll} \min & J_2=\left(1-\dfrac{\Lambda}{\Lambda^t}\right)^2+\sum\left(1-\dfrac{u_i}{u_i^t}\right)^2 \\ \Lambda,t & \\ \text{s. t.} & \sigma_{\text{yield}}-\sigma_i=0 \end{array}\right\} \tag{7.21}$$

7.2.3 二级集成系统综合(BLISS)优化策略

类似于 CSSO,BLISS 架构是一种按照学科分解的 MDF 问题。然而,又不像 CSSO,BLISS 架构将局部设计变量分配给各子系统级优化,将全局设计变量分配给系统级优化。该架构的基本思想是对原优化问题进行一系列线性近似,这样在设计空间中形成一条路径,在设计变量步长的选择上使用用户定义的界限,以防所选取的设计点移动得太远,导致近似值不精确。这些近似值在每次迭代时通过耦合的灵敏度信息来得到。BLISS 系统级优化问题可表示为

$$\left.\begin{array}{ll} \min & (\boldsymbol{f}_0^*)_0+\left(\dfrac{\mathrm{d}\boldsymbol{f}_0^*}{\mathrm{d}\boldsymbol{x}_0}\right)\Delta\boldsymbol{x}_0 \\ \Delta\boldsymbol{x}_0 & \\ \text{s. t.} & (\boldsymbol{c}_0^*)_0+\left(\dfrac{\mathrm{d}\boldsymbol{c}_0^*}{\mathrm{d}\boldsymbol{x}_0}\right)\Delta\boldsymbol{x}_0\geqslant\boldsymbol{0} \\ & (\boldsymbol{c}_i^*)_0+\left(\dfrac{\mathrm{d}\boldsymbol{c}_i^*}{\mathrm{d}\boldsymbol{x}_0}\right)\Delta\boldsymbol{x}_0\geqslant\boldsymbol{0},\quad i=1,\cdots,N \\ & \Delta\boldsymbol{x}_{0\mathrm{L}}\leqslant\Delta\boldsymbol{x}_0\leqslant\Delta\boldsymbol{x}_{0\mathrm{U}} \end{array}\right\} \tag{7.22}$$

子系统级优化问题可表示为

$$\left.\begin{array}{ll} \min & (\boldsymbol{f}_0)_0+\left(\dfrac{\mathrm{d}\boldsymbol{f}_0}{\mathrm{d}\boldsymbol{x}_i}\right)\Delta\boldsymbol{x}_i \\ \Delta\boldsymbol{x}_i & \\ \text{s. t.} & (\boldsymbol{c}_0)_0+\left(\dfrac{\mathrm{d}\boldsymbol{c}_0}{\mathrm{d}\boldsymbol{x}_i}\right)\Delta\boldsymbol{x}_i\geqslant\boldsymbol{0} \\ & (\boldsymbol{c}_i)_0+\left(\dfrac{\mathrm{d}\boldsymbol{c}_i}{\mathrm{d}\boldsymbol{x}_i}\right)\Delta\boldsymbol{x}_i\geqslant\boldsymbol{0},\quad i=1,\cdots,N \\ & \Delta\boldsymbol{x}_{i\mathrm{L}}\leqslant\Delta\boldsymbol{x}_i\leqslant\Delta\boldsymbol{x}_{i\mathrm{U}} \end{array}\right\} \tag{7.23}$$

注意:系统级优化和子系统级优化问题表示设计变量界限的额外约束集。为了防止因全

局设计变量变化而导致不满足设计约束,需要最优导数信息(学科约束对系统级设计变量变化的敏感度)来解决系统级优化问题。

7.2.4 目标级联分析法(ATC)优化策略

ATC 架构最初不是作为 MDO 架构开发的,而是一种通过分层系统来传播系统目标(需求或属性)的方法,以实现满足系统目标可行性的设计方案。如果目标无法实现,则 ATC 架构会返回一个设计点,使得无法实现的程度达到最小。因此,ATC 架构与 MDO 架构没有什么不同,它们的系统目标是最小化目标与模型响应的平方差。通过简单地改变目标函数,可以使用 ATC 架构来解决一般的 MDO 问题。

这里采用 Tosserams 等人[11]提出的 ATC 架构。显式系统目标和约束函数符合 MDO 问题的定义。与其他 ATC 架构一样,如果优化问题中的惩罚项都接近于零,那么该构架生成的解将会解决优化问题公式(7.5)。ATC 系统级优化可表示为

$$\begin{aligned} \min \quad & \boldsymbol{f}_0(\boldsymbol{x},\hat{\boldsymbol{y}}) + \sum_{i=1}^N \boldsymbol{\Phi}_i(\hat{\boldsymbol{x}}_{0i}-\boldsymbol{x}_0,\hat{\boldsymbol{y}}_i-\boldsymbol{y}_i(\boldsymbol{x}_0,\boldsymbol{x}_i,\hat{\boldsymbol{y}})) + \boldsymbol{\Phi}_0(\boldsymbol{c}_0(\boldsymbol{x},\hat{\boldsymbol{y}})) \\ & \boldsymbol{x}_0,\hat{\boldsymbol{y}} \end{aligned} \tag{7.24}$$

式中,$\boldsymbol{\Phi}_0$ 表示全局设计约束的惩罚松弛函数,$\boldsymbol{\Phi}_i$ 表示学科 i 一致性约束的惩罚松弛函数,变量副本 $\hat{\boldsymbol{x}}_{0i}$ 的含义与 CO 策略中的一致,惩罚函数确保所有的副本收敛到最优设计。

子系统级优化可表示为

$$\begin{aligned} \min \quad & \boldsymbol{f}_0(\hat{\boldsymbol{x}}_{0i},\boldsymbol{x}_i,\boldsymbol{y}_i(\hat{\boldsymbol{x}}_{0i},\boldsymbol{x}_i,\hat{\boldsymbol{y}}_{j\neq i}),\hat{\boldsymbol{y}}_{j\neq i}) + \boldsymbol{f}_i(\hat{\boldsymbol{x}}_{0i},\boldsymbol{x}_i,\boldsymbol{y}_i(\hat{\boldsymbol{x}}_{0i},\boldsymbol{x}_i,\hat{\boldsymbol{y}}_{j\neq i})) + \\ & \boldsymbol{\Phi}_i(\hat{\boldsymbol{y}}_i-\boldsymbol{y}_i(\hat{\boldsymbol{x}}_{0i},\boldsymbol{x}_i,\hat{\boldsymbol{y}}_{j\neq i}),\hat{\boldsymbol{x}}_{0i}-\boldsymbol{x}_0) + \\ & \boldsymbol{\Phi}_0(\boldsymbol{c}_0(\hat{\boldsymbol{x}}_{0i},\boldsymbol{x}_i,\boldsymbol{y}_i(\hat{\boldsymbol{x}}_{0i},\boldsymbol{x}_i,\hat{\boldsymbol{y}}_{j\neq i}),\hat{\boldsymbol{y}}_{j\neq i})) \\ & \hat{\boldsymbol{x}}_{0i},\boldsymbol{x}_i \\ \text{s. t.} \quad & \boldsymbol{c}_i(\hat{\boldsymbol{x}}_{0i},\boldsymbol{x}_i,\boldsymbol{y}_i(\hat{\boldsymbol{x}}_{0i},\boldsymbol{x}_i,\hat{\boldsymbol{y}}_{j\neq i})) \geqslant 0 \end{aligned} \tag{7.25}$$

7.2.5 精确和非精确惩罚分解(EPD 和 IPD)优化策略

如果没有全局目标和约束,即 $\boldsymbol{f}_0$ 和 $\boldsymbol{c}_0$ 不存在,那么可以利用精确和非精确惩罚分解优化策略,两者的学科级优化都可写为

$$\begin{aligned} \min \quad & \boldsymbol{f}_i(\hat{\boldsymbol{x}}_{0i},\boldsymbol{x}_i,\boldsymbol{y}_i(\hat{\boldsymbol{x}}_{0i},\boldsymbol{x}_i,\hat{\boldsymbol{y}}_{j\neq i})) + \boldsymbol{\Phi}_i(\hat{\boldsymbol{x}}_{0i}-\boldsymbol{x}_0,\hat{\boldsymbol{y}}_i-\boldsymbol{y}_i(\hat{\boldsymbol{x}}_{0i},\boldsymbol{x}_i,\hat{\boldsymbol{y}}_{j\neq i})) \\ & \hat{\boldsymbol{x}}_{0i},\boldsymbol{x}_i \\ \text{s. t.} \quad & \boldsymbol{c}_i(\hat{\boldsymbol{x}}_{0i},\boldsymbol{x}_i,\boldsymbol{y}_i(\boldsymbol{x}_{0i},\boldsymbol{x}_i,\hat{\boldsymbol{y}}_{j\neq i})) \geqslant 0 \end{aligned} \tag{7.26}$$

式中,$\boldsymbol{\Phi}_i$ 表示罚函数,用于惩罚第 i 个学科信息与系统级信息不一致。与 ATC 架构一样,惩罚函数的作用是确保所有变量副本收敛到最优设计方案。

系统级优化是关于全局设计变量和耦合状态变量副本的无约束优化问题,优化目标是各学科级优化的惩罚项之和,即

$$\begin{aligned} \min \quad & \sum_{i=1}^N \boldsymbol{\Phi}_i(\hat{\boldsymbol{x}}_{0i}-\boldsymbol{x}_0,\hat{\boldsymbol{y}}_i-\boldsymbol{y}_i(\hat{\boldsymbol{x}}_{0i},\boldsymbol{x}_i,\hat{\boldsymbol{y}}_{j\neq i})) \\ & \boldsymbol{x}_0,\hat{\boldsymbol{y}} \end{aligned} \tag{7.27}$$

7.2.6　独立子空间的 MDO(MDOIS)优化策略

如果没有全局目标和约束,即 f_0 和 c_0 不存在,也不包含全局设计变量 x_0,那么就会得到独立子空间的 MDO 优化策略。在这种情况下,学科级优化是可分离的,表示为

$$
\left.
\begin{array}{ll}
\min & f_i(x_i, y_i(x_i, \hat{y}_{j \neq i})) \\
& x_i \\
\text{s.t.} & c_i(x_i, y_i(x_i, \hat{y}_{j \neq i})) \geqslant 0
\end{array}
\right\}
\tag{7.28}
$$

耦合状态变量副本只是表示系统状态信息的参数。求解所有学科级优化问题后,可以得到每个学科分析代码的输出,完成 MDA 以更新所有参数值。因此 MDA 用于将学科优化问题的解引导到设计方案,而不像其他架构那样。

7.3　多学科优化策略选择基准

MDO 策略面临的挑战之一是:对于给定的 MDO 问题或问题类别,选取哪种架构最有效。一种有效的方法是使用简单的测试问题对架构进行基准测试。在一个给定的问题上进行多个架构的测试尤其重要,因为最合适的架构通常取决于问题本身。

第一个限制是没有两种研究会产生相同的结果。这是因为没有两个程序员会以相同的方式编写相同的架构。此外,特定架构中的学者能够充分优化本架构的性能,从而在无意中使优化结果产生偏差。这个问题通常可以在专门的 MDO 框架(如 Isight、ModelCenter、pyMDO 或 OpenMDAO)中执行基准测试来克服。这些框架允许对 MDO 问题和架构的单一定义自动重用,从而消除了优化中的一些"人为因素"。OpenMDAO 和 pyMDO 甚至可以自动实现 MDO 架构。还有一些架构根据自身问题的结构来自动选择,并在大型 MDO 问题中嵌套不同的架构以获取最优的解决方案。

第二个限制是基准测试研究的架构选择。大多数研究倾向于成熟的架构,如 MDF、IDF、CO 和 CSSO。随着新的架构被越来越广地提出来,这应该不再是一个限制。然而,必须强调在一个已建立的 MDO 框架中实现一个新的架构,应该允许更快速的基准测试,并更早地表明该架构的应用前景。

第三个限制是测试问题本身。几乎所有的测试问题都是低维的,并且很多都是由解析函数组成的学科分析。在高保真(复杂结构目标)设计中,MDO 问题可能有数千个设计变量和约束条件,而学科分析需要花费数分钟或数小时进行评估,即使使用高性能并行计算机也是如此。尽管基准测试中使用的测试问题可能永远不会达到这种复杂程度,但它们的维度应该足够大,以便在时间和函数调用数量方面建立一个明确的趋势。在理想情况下,这些问题应该是可扩展的,以检查优化问题的维度对架构效率的影响。Tedford 和 Martins[12] 进行了针对此类可扩展问题的早期尝试,并允许用户定义任意数量的学科、设计变量和耦合变量。

参考文献

[1] Schmit L A. Structural Design by Systematic Synthesis[C]//ASCE. 2nd Conference on

Electronic Computation. New York：ASCE，1960：105-132.

[2] Schmit L A，Thornton W A. Synthesis of an Airfoil at Supersonic Mach Number：Tech. Rep.：CR-144[R]. Washington：NASA，1965.

[3] Schmit L A. Structural Synthesis—Its Genesis and Development[J]. AIAA Journal，1981，19(10)：1249-1263.

[4] Schmit L A. Structural Synthesis—Precursor and Catalyst：Recent Experiences in Multidisciplinary Analysis and Optimization：Tech. Rep.：CP-2337[R]. Washington：NASA，1984.

[5] Haftka R T. Automated Procedure for Design of Wing Structures to Satisfy Strength and Flutter Requirements：Tech. Rep.：TN D-7264[R]. Hampton，VA：NASA Langley Research Center，1973.

[6] Haftka R T，Starnes Jr J H，Barton F W，et al. Comparison of Two Types of Optimization Procedures for Flutter Requirements[J]. AIAA Journal，1975，13(10)：1333-1339.

[7] Haftka R T. Optimization of Flexible Wing Structures Subject to Strength and Induced Drag Constraints[J]. AIAA Journal，1977，14(8)：1106-1977.

[8] Haftka R T，Shore C P. Approximate Methods for Combined Thermal/Structural Design：Tech. Rep.：TP-1428[R]. Washington：NASA，1979.

[9] Shankar J，Ribbens C J，Haftka R T，et al. Computational Study of a Nonhierarchical Decomposition Algorithm[J]. Computational Optimization and Applications，1993，2：273-293.

[10] Sellar R S，Batill S M，Renaud J E. Response Surface Based，Concurrent Subspace Optimization for Multidisciplinary System Design[C]//AIAA. Proceedings of the 34th AIAA Aerospace Sciences and Meeting Exhibit. Reno，NV：AIAA，1996：1-14.

[11] Tosserams S，Etman L F P，Rooda J E. Augmented Lagrangian Coordination for Distributed Optimal Design in MDO[J]. International Journal for Numerical Methods in Engineering，2008，73：1885-1910.

[12] Tedford N P，Martins J R R A. Benchmarking Multidisciplinary Design Optimization Algorithms[J]. Optimization and Engineering，2010，11：159-183.

习　　题

1. 多学科优化策略(或架构)有哪些？请选择一种多学科优化策略(或架构)，并从设计变量、目标函数、约束条件等要素方面，谈谈你对该策略(或架构)的理解。

2. 单学科可行法与多学科可行法的区别与联系是什么？

3. 请分别写出协同优化法与并行子空间优化法的系统级优化和子系统级优化的数学模型。

第8章　不确定性设计优化

8.1　不确定性设计在飞行器设计中的重要性

8.1.1　飞行器设计中的不确定性因素

工程中,设计优化问题的传统解决方法是在确定性设计参数和分析模型的基础上进行的,然而,在实际工程中往往存在着很多不确定性因素,比如几何外形的不确定性、材料性能的不确定性、使用环境的不确定性和外部载荷的不确定性等。也许这些不确定性参数的偏差较小,不会对系统的使用性能和可靠性产生太大的影响。已知知道,复杂系统中不同参数之间往往存在着强耦合作用,如果多种不确定性参数的较小偏差耦合在一起,就可能导致系统性能产生较大的波动[1],甚至使系统失效。因此,在系统设计的过程中,必须对这些不确定性参数予以充分考虑。

以飞机总体设计为例,在设计阶段,需要完成飞机气动外形设计和内部结构设计,在这些环节中同样存在大量不确定性因素。

飞机气动设计的主要任务是使飞机在处于设计升力系数状态下时具有尽可能小的阻力和俯仰力矩系数,以及良好的载荷分布特征。在飞机的实际使用过程中,有很多对飞机的气动性能产生显著影响的不确定性因素,如:

① 飞行状态的不确定性。在使用过程中,由于任务需求的不同,飞机的飞行高度、飞行速度和任务载荷都可能出现变化,在整个任务剖面中,随着燃油的消耗,飞机的重量也在不断变化,这些都是导致飞行状态不确定的重要因素。

② 几何外形的不确定性。一方面,在研制阶段,往往会根据飞机精确的流场特性,对飞机的外形进行一些局部的修改;另一方面,在飞机的后续使用过程中,基于新的任务要求也会对飞机进行改型,这些都会引起飞机外形参数的变化;此外,飞机制造和装配过程中的误差也会导致飞机几何外形的不确定性。若在飞机外形的气动设计中,没有对这些不确定性因素可能带来的影响进行充分考虑,则一旦出现上述不确定的现象,飞机实际的气动性能和其设计值就可能会产生很大的偏差,甚至达不到设计要求。

飞机结构设计的主要任务是选择合适的结构形式、完成结构受力构件的布置、确定各个构件的尺寸,并在满足结构强度和结构形变要求的前提下,使结构的重量尽可能轻。通常的结构优化设计也是基于确定性优化模型和确定性参数进行的。对结构设计影响较大的不确定性因素包括:

① 气动载荷的不确定性。当飞机在大气环境中飞行时,不可避免会受到突风等大气环境的影响[2]。

② 材料特性的不确定性。结构所选用的材料密度、强度等特性都存在着一定的偏差。

③ 承力构件尺寸的不确定性。这种不确定性主要是由生产过程中的制造误差和装配误

差引起的。如果在结构设计阶段不考虑这些不确定性因素的影响,那么设计出来的方案很可能是不可靠的[3],并将严重影响飞机的飞行安全。

由此可见,在飞机总体设计过程中必须考虑各种不确定性因素的影响,这样才能使设计出的方案不仅具有稳健性,而且具有高的可靠性。因此,开展基于不确定性飞行器多学科优化的研究是很有必要的。

8.1.2　考虑不确定性的优化设计

对于工程设计中的不确定性因素通常有两种处理方法:一种是直接解决的方法,也就是通过技术手段直接消除或减小不确定性参数的变化范围,比如在生产过程中,通过改进制造工艺和装配工艺来减小尺寸偏差。这种方法的缺陷是成本较高,并且设计参数的偏差也不可能完全消除。因此,通常采用另外一种方法来应对这些不确定性参数,即在系统设计阶段就对这些因素给予充分的考虑,降低系统响应对设计参数不确定性的敏感度,提高系统抵抗不确定性因素的能力,使最终设计出的方案的性能稳健且安全可靠,因此在这种方法的基础上发展出了不确定性设计的理念。基于这一理念,目前国内外学者和工程师共同承认并广泛应用的设计思想主要包括稳健性设计和可靠性设计。可靠性设计和稳健性设计是两种从不同角度研究产品质量的控制方法。稳健性设计又被称作鲁棒性设计,主要关注的是系统性能的稳定性,即系统性能对不确定性参数的小幅度变化不敏感。可靠性设计更加关注系统完成规定功能的能力,也就是说系统的失效概率必须低于一个可以接受的水平,以确保系统正常运行。

基于不确定性的优化设计是在传统优化设计的基础上发展起来的,是不确定性设计与优化算法相结合的产物,因此将对应不同的不确定性设计思想又分为稳健性优化设计和基于可靠性的优化设计。

1. 稳健性优化设计

稳健性(鲁棒性)指的是在系统正常使用中,其性能对各种不确定性因素不敏感,也就是说当系统的使用环境或自身参数在一定范围内变化时,系统的性能参数变化不大。稳健性优化设计指的是通过改变设计变量的名义值,使设计空间中的最优解具有稳健性。这种稳健性包括两个方面:目标值稳健性和对满足约束条件的稳健性。以下分别对这两种稳健性进行介绍。

目标值稳健性指最优解的目标值对不确定性因素的变化不敏感,也就是说通过目标值稳健性优化设计获得的最优解不仅要使系统的性能指标尽量最优,还要使性能指标具有抵抗不确定性因素干扰的能力。目标值稳健性优化设计常用于处理目标函数受不确定性因素影响比较明显的问题,其本质实际上是求解系统性能最优和性能稳健性最好的多目标优化问题。如图 8.1 所示,图中 x_a、x_b 分别是确定性优化解和稳健解。从图中可以看出,在 x_a 处对应的目标值最小,假如不考虑设计参数不确定性的影响,那么设计点 x_a 就是所期望的优化结果。反之,假如设计参数 x 具有不确定性,Δx 是设计参数的变化范围,那么 Δf_a 和 Δf_b 分别是取确定性优化解和稳健解时目标性能所对应的波动值。可见,在设计参数 x_a、x_b 具有相同变化范围的情况下,稳健解 x_b 所对应的目标函数的最大波动值 Δf_b 明显小于确定性优化解 x_a 所对应的目标函数的最大波动值 Δf_a。由此可见,通过目标值稳健性设计优化得到的最优解,虽然目标值不是最优的,但其目标值抵抗设计参数不确定性影响的能力要远好于通过确定性优化获得的最优解。综上所述,目标值稳健性优化设计就是要在设计空间中寻找目标函数值接近最优,且由设计参数不确定性引起的目标值波动范围也较小的设计点。

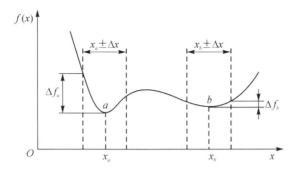

图 8.1　目标值稳健性示意图

约束稳健性指的是通过调整设计变量的名义值来控制约束的可行域,从而使设计点在设计参数不确定性因素的影响下,仍然会以较高的概率散布在可行域内。约束稳健性优化主要用于处理约束条件受不确定性参数影响比较明显的优化问题。约束条件稳健性优化解与确定性优化解的区别如图 8.2 所示,图中 x_a 和 x_b 分别为确定性优化解和稳健解,曲线 A 和曲线 B 分别是取确定性优化解和稳健解时所对应的约束条件可行域边界。由图易见,确定性优化解 x_a 通常位于约束条件边界的上边或者在其附近。在设计参数不确定性因素的影响下,约

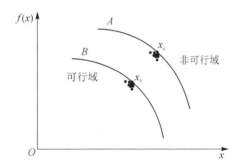

图 8.2　约束条件稳健性示意图

束边界也会随之发生变化。其中一种可能的变化情况就是约束边界由曲线 A 移动到了曲线 B,这时确定性优化解 x_a 不再位于新约束边界的可行之内,但是稳健解 x_b 却仍然满足新约束条件的要求。因此通过约束条件稳健性设计优化可以保证约束条件稳健的可行性。

2. 可靠性优化设计

对结构/系统可靠性的定义是:结构/系统在规定的时间内及规定的条件下完成规定功能的能力。可靠度常用来作为可靠性的度量指标,它指的是结构/系统在规定时间内和规定条件下完成规定功能的概率。这是在随机因素影响下对结构/系统可靠性度量指标——可靠度的定义,当然,在相应的模糊因素或非概率凸集因素影响下,结构/系统的可靠性也有相应的度量指标。

基于可靠性的优化设计指的是通过改变设计变量的名义值,使设计点在不确定性因素的影响下仍然具有较高的可靠度,从而满足结构安全性的要求。在实施优化的过程中,通过考虑设计方案满足约束条件的可靠度,来实现在满足预定可靠度要求的基础上对目标函数进行优化。可见,可靠性优化设计更加关注设计点满足不确定约束的程度。在确定性优化问题中,结构优化的最优解往往位于约束条件的边界上或者在其附近,而忽略不确定性因素的影响,此时的设计点表现出所最期望的特征。然而在结构设计中,不确定性因素是客观存在且不可避免的,在设计参数不确定性的影响下,确定性的优化最优解往往位于可行域之外,从而导致结构的可靠度不高或者不可用。因此在结构设计优化中,通常要考虑不确定性因素的影响。

不确定性优化设计是传统确定性优化设计理论的延伸。在确定性优化问题中,已对实际

问题进行了简化,把不确定性参数视为确定性参数进行处理,而不确定性优化设计更加接近工程优化问题的真实和客观情况,由此获得的优化方案也具有更高的可靠性。在处理不确定性优化问题时,完全照搬经典的优化理论和方法是不可行的。相比确定性优化设计,解决不确定性优化设计问题的一个重要特征就是要进行不确定性分析。通过不确定性分析对不确定性因素影响下的目标响应值或约束边界进行定量的描述,可把不确定性优化问题转换为确定性优化问题,然后再采用经典的优化理论进行求解。比如,在处理上述目标值稳健性或约束条件稳健性的优化设计问题时,常用的方法是把受不确定性因素影响的目标函数或约束条件转换为能够描述目标值波动范围或约束波动量的形式,之后再采取适当的优化算法进行寻优。基于实际工程问题中大量不确定性因素的存在,对不确定性优化理论和方法的研究具有重要的现实意义。

8.2 区间模型

8.2.1 不确定性分析方法

在解决不确定性设计优化问题时,首先要把不确定性参数和不确定性响应用合适的模型进行表述,将其转换为确定性优化模型,才能进行后续的设计优化。目前对不确定性信息的描述主要有三种模型:随机模型、模糊模型和非概率集合模型[1]。由于这三种模型对不确定性参数描述的精度有所差异,因此构造对应模型所需要的不确定性参数的信息量也依次递减。

1. 随机模型

随机模型的研究开始得较早,也是应用最为广泛的不确定性分析模型,主要用于描述具有随机性的不确定性参数。随机性指的是由于条件不够充分,导致不会出现某种必然的结果,从而使结果具有不可预知性。随机模型将随机性信息描述为具有一定分布特征的随机变量或随机过程,并假定其精确的概率分布为已知,然后通过相关的概率分析方法计算系统性能的响应情况,或者计算出系统的失效概率。随机模型主要用于数据信息比较充分的不确定性参数,并且根据已知信息能够确定其概率分布。

当前,以随机模型为基础的不确定性优化设计已经在工程中得到了广泛应用,并取得了大量的研究成果。但是,随机模型的局限性也在很大程度上限制了它的使用和推广。首先,由于随机模型和相应优化技术应用的前提是需要知道这些不确定性参数的概率分布信息[4],如概率密度函数等;而在工程问题中,不确定性参数的概率密度函数是通过对大量统计数据分析得到的。但是,在实际操作中要想获得大量的统计数据,就意味着需要花费大量的时间和较高的成本,即便如此,有些数据也是无法获得的。因此,在建立随机模型的过程中,往往会采用容易获取的相似数据,这样会影响到优化结果的可信度。其次,相关研究表明,失效概率对随机模型的参数非常敏感,也就是说,不确定性参数对应的概率分布函数即使有很小的误差,也可能使可靠性分析产生较大的偏差。而在建立随机模型的过程中,有些误差又是难以避免的。可见,当不确定性参数的统计数据不足或随机模型的精度不够高时,应尽量避免采用随机模型进行不确定性分析。

2. 模糊模型

模糊模型在工程设计中主要用于描述具有模糊性的不确定性参数。模糊性指现实中存在的不分明现象,当事物从差异的一方变化到另一方时,由于中间存在过渡状态而表现出了亦此亦彼性。在模糊模型中以模糊集合的形式对参数的不确定性进行描述。模糊集合指具有模糊边界的集合,集合中的任一元素都是通过对应的模糊隶属度函数来表征该元素属于集合的程度。

目前,以模糊模型为基础的不确定性优化设计在理论研究和应用方面都取得了很大进展。在模糊优化设计中,通过模糊隶属度函数来表示设计参数的不确定性、约束条件的满足程度及目标函数的期望水平。可见,在采用模糊模型进行优化设计时必须先要获得不确定性参数的模糊隶属度函数[5]。确定模糊隶属度函数的主要方法有:模糊统计法、三分法、专家打分法等。上述方法有一个共同的特点,就是都加入了设计人员的主观意识。因此,在缺乏数据和对模糊性信息认识不足的情况下,所确定的隶属度函数往往带有很大的误差。虽然建立模糊模型所需要的信息量比随机模型要少得多,但由于在确定隶属度函数时无法避免人为的主观性,因此给建立精确的模糊模型带来了很大困难。

从本质上看,随机模型和模糊模型均属于概率模型,只是随机模型采用的是客观概率,而模糊模型采用的是主观概率。在使用时,两种模型都需要充足的不确定性信息。但是,对于很多工程问题,要想获得足够的不确定性信息并非易事,这两种模型自身的局限性对它们在实际工程中的推广应用造成了很大障碍。

3. 非概率集合模型

在工程设计中,虽然获得不确定性参数的概率分布函数或隶属度函数并非易事,但要获得这些不确定性参数的边界值却相对容易得多,需要的信息量也大幅度减少。为此,很多学者开始对非概率不确定性建模的方法进行了研究[6],并将其应用于不确定性优化设计中,使得建模的难度大大降低,很好地解决了一些随机优化和模糊优化不能解决的工程问题。

非概率集合模型作为一种描述有界不确定性信息的数学模型,在模型中采用集合的形式对不确定性参数进行描述,但是集合中并不包含参数的概率分布信息。根据不确定性设计参数的非概率集合模型可得到相应的响应量范围,以此可对系统的质量进行评估。目前,用于工程问题的非概率集合模型主要有两种:凸集模型和区间数模型。以这两种模型为基础的优化方法分别称为凸模型优化方法和区间数优化方法。相比凸集模型,区间数模型更简单,它只需要知道不确定性参数的上、下界即可[7]。区间数优化方法的缺点是区间数模型无法反映出不确定性参数之间的关联性,因此,采用这种方法获得的设计点往往会偏于保守。此外,在优化过程中凸模型优化和区间数优化都要先将不确定性优化问题转换为确定性优化问题才能进行求解,转换后的优化问题大多是一个两层嵌套优化问题。

与随机模型和模糊模型相比,非概率集合模型具有明显的优势。在建模过程中,非概率集合模型只需要不确定性参数的变化范围,而无须知道其具体的分布形式,所以建模时需要的数据少得多。另外,经过研究发现,在不确定性参数的数据信息不够充分的情况下,采用基于非概率集合模型的设计优化所获得的优化方案虽然会偏于保守,但是,通过随机模型或模糊模型获得的优化结果却是没有任何意义的。可见,非概率集合模型适用于不确定性信息不足,同时可靠性要求又较高的场合。

在后续章节的研究中,将采用区间数模型对优化问题中的不确定性参数进行描述。在区间数模型中,不确定性参数的可能变化范围通过区间来表示,所以在构建相应模型时只需知道不确定性参数的边界值即可,而不用关心它的概率分布形式,由此得到的不确定性变量空间是一个多维长方体。区间数模型在对不确定性参数描述的适应性方面有着随机方法和模糊方法无法比拟的优势,这也在很大程度上扩展了不确定性优化设计的研究对象和使用领域。

8.2.2　区间数学理论基础

本小节将对区间数的基本理论进行介绍,为后续不确定性优化问题建立基于区间数的优化模型提供理论支撑。区间数在区间数理论中被定义为一对有序的实数[1]。$\mathbf{R}$ 代表实数域,对于给定的两个任意实数 $x^{\mathrm{L}},x^{\mathrm{U}}\in\mathbf{R}$,若满足 $x^{\mathrm{L}}\leqslant x^{\mathrm{U}}$,那么在实数域 $\mathbf{R}$ 上的有界闭区间可以表示为如下形式:

$$x^{\mathrm{I}}=[x^{\mathrm{L}},x^{\mathrm{U}}]=\{x:x\in\mathbf{R},x^{\mathrm{L}}\leqslant x\leqslant x^{\mathrm{U}}\} \tag{8.1}$$

式中,x 为区间变量,x^{I} 为区间数(简称区间),x^{L} 为区间 x^{I} 的下界,x^{U} 为区间 x^{I} 的上界。把所有区间的集合记作 $I(\mathbf{R})$,把集合中所有区间都满足 $x^{\mathrm{L}}\geqslant 0$ 的集合记作 $I(\mathbf{R}^{+})$,把集合中所有区间都满足 $x^{\mathrm{U}}\leqslant 0$ 的集合记作 $I(\mathbf{R}^{-})$。

如果两个区间 $x^{\mathrm{I}}=[x^{\mathrm{L}},x^{\mathrm{U}}]$ 和 $y^{\mathrm{I}}=[y^{\mathrm{L}},y^{\mathrm{U}}]$ 对应的上界和下界分别相等,那么称这两个区间数相等,记为 $x^{\mathrm{I}}=y^{\mathrm{I}}$。如果在区间 $x^{\mathrm{I}}=[x^{\mathrm{L}},x^{\mathrm{U}}]$ 中,上、下界相等即 $x^{\mathrm{L}}=x^{\mathrm{U}}$,则称这个区间为点区间,简记为 $x^{\mathrm{I}}=[x,x]$。如果在区间 $x^{\mathrm{I}}=[x^{\mathrm{L}},x^{\mathrm{U}}]$ 中,上、下界互为相反数即 $x^{\mathrm{L}}=-x^{\mathrm{U}}$,则称这个区间为对称区间。

区间 x^{I} 的中点记为 x^{c},也可表示为 $m(x^{\mathrm{I}})$,则有

$$x^{\mathrm{c}}=m(x^{\mathrm{I}})=\frac{x^{\mathrm{L}}+x^{\mathrm{U}}}{2} \tag{8.2}$$

区间 x^{I} 的半径记为 x^{r},则有

$$x^{\mathrm{r}}=\frac{x^{\mathrm{U}}-x^{\mathrm{L}}}{2} \tag{8.3}$$

区间 x^{I} 的宽度记为 $\omega(x^{\mathrm{I}})$,则有

$$\omega(x^{\mathrm{I}})=2x^{\mathrm{r}}=x^{\mathrm{U}}-x^{\mathrm{L}} \tag{8.4}$$

区间 x^{I} 的相对不确定度记为 $\beta(x^{\mathrm{I}})$,则有

$$\beta(x^{\mathrm{I}})=\frac{x^{\mathrm{r}}}{|x^{\mathrm{c}}|}=\frac{x^{\mathrm{U}}-x^{\mathrm{L}}}{|x^{\mathrm{U}}+x^{\mathrm{L}}|} \tag{8.5}$$

区间的等价定义可表述为

$$A^{\mathrm{I}}=\langle A^{\mathrm{c}},A^{\mathrm{w}}\rangle=\{x\mid A^{\mathrm{c}}-A^{\mathrm{w}}\leqslant x\leqslant A^{\mathrm{c}}+A^{\mathrm{w}}\} \tag{8.6}$$

式中,A^{c}、A^{w} 分别表示区间 A^{I} 的中值和半径,并可表示为

$$\left.\begin{array}{l} A^{\mathrm{c}}=\dfrac{A^{\mathrm{L}}+A^{\mathrm{U}}}{2} \\[3mm] A^{\mathrm{w}}=\dfrac{A^{\mathrm{U}}-A^{\mathrm{L}}}{2} \end{array}\right\} \tag{8.7}$$

图 8.3 给出了区间数 A^{I} 的说明。

区间向量指的是由区间数组成的向量,它的每个分量都是一个区间数。设 $x_i^{\mathrm{I}}=[\underline{x_i},\overline{x_i}]\in I(\mathbf{R})(i=1,2,\cdots,n)$,则称 x^{I} 为由 n 个区间数组成的 n 维区间向量,即

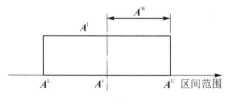

图 8.3　区间数的说明

$$\boldsymbol{x}^{\mathrm{I}}=(x_i^{\mathrm{I}})_n=(\,[\underline{x}_1,\bar{x}_1]\,,\,[\underline{x}_2,\bar{x}_2]\,,\cdots,\,[\underline{x}_n,\bar{x}_n]\,)^{\mathrm{T}} \tag{8.8}$$

8.2.3　区间数排序方法

对于给定的两个实数,可以很容易地比较出它们的大小。可是对于两个区间数,由于它们表示的是两个实数集而不是两个实数,它们之间并不存在自然的顺序关系,所以以采用之前的数学理论无法直接比较出两个实数集的大小或优劣。但是在理论研究和工程应用过程中,对区间数进行比较和排序又是不可避免的。为此必须构造新的数学工具对区间数进行比较、排序,这也是把不确定性优化问题表述为区间数优化问题的依据。目前,关于区间数的排序方法,国内外学者做了大量的研究工作。从现有研究来看,应用比较广泛的区间数排序方法可以分为确定性区间数排序方法和基于度的区间数排序方法,其中确定性区间数排序方法可定性地判断区间是否大于或者优于另一区间,基于度的区间数排序方法用于定量描述各区间的大于或者优于另一区间的具体程度。本小节将详细介绍这两种区间数排序方法的排序规则。

1. 确定性区间数排序方法

由于优化目标的不同,区间数的确定性排序关系在不同的优化问题中往往会有不同的表述形式。常用的确定性区间数排序方法有如下几种形式:

(1) 由 $\leqslant_{\mathrm{L}}$ 定义的顺序关系

在望大优化问题中,区间 $\boldsymbol{B}^{\mathrm{I}}$ 优于 $\boldsymbol{A}^{\mathrm{I}}$:当且仅当 $\boldsymbol{A}^{\mathrm{L}}\leqslant\boldsymbol{B}^{\mathrm{L}}$ 时,$\boldsymbol{A}^{\mathrm{I}}\leqslant_{\mathrm{L}}\boldsymbol{B}^{\mathrm{I}}$;当且仅当 $\boldsymbol{A}\leqslant\boldsymbol{B}^{\mathrm{L}}$ 时,$\boldsymbol{A}^{\mathrm{I}}=\boldsymbol{A}$;当且仅当 $\boldsymbol{A}^{\mathrm{L}}\leqslant\boldsymbol{B}$ 时,$\boldsymbol{B}^{\mathrm{I}}=\boldsymbol{B}$。

在望小优化问题中,区间 $\boldsymbol{B}^{\mathrm{I}}$ 优于 $\boldsymbol{A}^{\mathrm{I}}$:当且仅当 $\boldsymbol{B}^{\mathrm{L}}\leqslant\boldsymbol{A}^{\mathrm{L}}$ 时,$\boldsymbol{A}^{\mathrm{I}}\leqslant_{\mathrm{L}}\boldsymbol{B}^{\mathrm{I}}$;当且仅当 $\boldsymbol{A}\geqslant\boldsymbol{B}^{\mathrm{L}}$ 时,$\boldsymbol{A}^{\mathrm{I}}=\boldsymbol{A}$;当且仅当 $\boldsymbol{A}^{\mathrm{L}}\geqslant\boldsymbol{B}$ 时,$\boldsymbol{B}^{\mathrm{I}}=\boldsymbol{B}$。

上述方法侧重于比较区间的最小值,反映了设计者对区间下界的偏好。

(2) 由 $\leqslant_{\mathrm{R}}$ 定义的顺序关系

在望大优化问题中,区间 $\boldsymbol{B}^{\mathrm{I}}$ 优于 $\boldsymbol{A}^{\mathrm{I}}$:当且仅当 $\boldsymbol{A}^{\mathrm{U}}\leqslant\boldsymbol{B}^{\mathrm{U}}$ 时,$\boldsymbol{A}^{\mathrm{I}}\leqslant_{\mathrm{R}}\boldsymbol{B}^{\mathrm{I}}$;当且仅当 $\boldsymbol{A}\leqslant\boldsymbol{B}^{\mathrm{U}}$ 时,$\boldsymbol{A}^{\mathrm{I}}=\boldsymbol{A}$;当且仅当 $\boldsymbol{A}^{\mathrm{U}}\leqslant\boldsymbol{B}$ 时,$\boldsymbol{B}^{\mathrm{I}}=\boldsymbol{B}$。

在望小优化问题中,区间 $\boldsymbol{B}^{\mathrm{I}}$ 优于 $\boldsymbol{A}^{\mathrm{I}}$:当且仅当 $\boldsymbol{B}^{\mathrm{U}}\leqslant\boldsymbol{A}^{\mathrm{U}}$ 时,$\boldsymbol{A}^{\mathrm{I}}\leqslant_{\mathrm{R}}\boldsymbol{B}^{\mathrm{I}}$;当且仅当 $\boldsymbol{A}\geqslant\boldsymbol{B}^{\mathrm{U}}$ 时,$\boldsymbol{A}^{\mathrm{I}}=\boldsymbol{A}$ 时;当且仅当 $\boldsymbol{A}^{\mathrm{U}}\geqslant\boldsymbol{B}$ 时,$\boldsymbol{B}^{\mathrm{I}}=\boldsymbol{B}$。

上述方法侧重于比较区间的最大值,反映了设计者对区间上界的偏好。

(3) 由 $\leqslant_{\mathrm{C}}$ 定义的顺序关系

在望大优化问题中,区间 $\boldsymbol{B}^{\mathrm{I}}$ 优于 $\boldsymbol{A}^{\mathrm{I}}$:当且仅当 $\boldsymbol{A}^{\mathrm{C}}\leqslant\boldsymbol{B}^{\mathrm{C}}$ 时,$\boldsymbol{A}^{\mathrm{I}}\leqslant_{\mathrm{C}}\boldsymbol{B}^{\mathrm{I}}$;当且仅当 $\boldsymbol{A}\leqslant\boldsymbol{B}^{\mathrm{C}}$ 时,$\boldsymbol{A}^{\mathrm{I}}=\boldsymbol{A}$;当且仅当 $\boldsymbol{A}^{\mathrm{C}}\leqslant\boldsymbol{B}$ 时,$\boldsymbol{B}^{\mathrm{I}}=\boldsymbol{B}$。

在望小优化问题中,区间 $\boldsymbol{B}^{\mathrm{I}}$ 优于 $\boldsymbol{A}^{\mathrm{I}}$:当且仅当 $\boldsymbol{B}^{\mathrm{C}}\leqslant\boldsymbol{A}^{\mathrm{C}}$ 时,$\boldsymbol{A}^{\mathrm{I}}\leqslant_{\mathrm{C}}\boldsymbol{B}^{\mathrm{I}}$;当且仅当 $\boldsymbol{A}\geqslant\boldsymbol{B}^{\mathrm{C}}$ 时,$\boldsymbol{A}^{\mathrm{I}}=\boldsymbol{A}$;当且仅当 $\boldsymbol{A}^{\mathrm{C}}\geqslant\boldsymbol{B}$ 时,$\boldsymbol{B}^{\mathrm{I}}=\boldsymbol{B}$。

上述方法侧重于比较区间的均值,反映了设计者对区间中点的偏好。

(4) 由 $\leqslant_{\theta}$ 定义的顺序关系($\theta\in[0,1]$)

在望大优化问题中,区间 $\boldsymbol{B}^{\mathrm{I}}$ 优于 $\boldsymbol{A}^{\mathrm{I}}$:$\boldsymbol{A}^{\mathrm{I}}\leqslant_{\theta}\boldsymbol{B}^{\mathrm{I}}$ 等价于 $(1-\theta)\boldsymbol{A}^{\mathrm{L}}+\boldsymbol{A}^{\mathrm{U}}\leqslant(1-\theta)\boldsymbol{B}^{\mathrm{L}}+\boldsymbol{B}^{\mathrm{U}}$;当 $\boldsymbol{A}^{\mathrm{I}}=\boldsymbol{A}$ 时,有 $(2-\theta)\boldsymbol{A}\leqslant(1-\theta)\boldsymbol{B}^{\mathrm{L}}+\boldsymbol{B}^{\mathrm{U}}$;当 $\boldsymbol{B}^{\mathrm{I}}=\boldsymbol{B}$ 时,有 $(1-\theta)\boldsymbol{A}^{\mathrm{L}}+\boldsymbol{A}^{\mathrm{U}}\leqslant(2-\theta)\boldsymbol{B}$。

在望小优化问题中,区间 $\boldsymbol{B}^{\mathrm{I}}$ 优于 $\boldsymbol{A}^{\mathrm{I}}$:$\boldsymbol{A}^{\mathrm{I}}\leqslant_{\theta}\boldsymbol{B}^{\mathrm{I}}$ 等价于 $(1-\theta)\boldsymbol{A}^{\mathrm{L}}+\boldsymbol{A}^{\mathrm{U}}\geqslant(1-\theta)\boldsymbol{B}^{\mathrm{L}}+\boldsymbol{B}^{\mathrm{U}}$;当 $\boldsymbol{A}^{\mathrm{I}}=\boldsymbol{A}$ 时,有 $(2-\theta)\boldsymbol{A}\geqslant(1-\theta)\boldsymbol{B}^{\mathrm{L}}+\boldsymbol{B}^{\mathrm{U}}$;当 $\boldsymbol{B}^{\mathrm{I}}=\boldsymbol{B}$ 时,有 $(1-\theta)\boldsymbol{A}^{\mathrm{L}}+\boldsymbol{A}^{\mathrm{U}}\geqslant(2-\theta)\boldsymbol{B}$。

上述方法只在某个给定的 θ 值下比较两个区间的大小,反映了设计者对 θ 的偏好。

（5）由 $\leqslant_{LR}$ 定义的顺序关系

在望大优化问题中,区间 $\boldsymbol{B}^{I}$ 优于 $\boldsymbol{A}^{I}$:当且仅当 $\boldsymbol{A}^{L}\leqslant\boldsymbol{B}^{L}$ 和 $\boldsymbol{A}^{U}\leqslant\boldsymbol{B}^{U}$ 时,$\boldsymbol{A}^{I}\leqslant_{LR}\boldsymbol{B}^{I}$;当且仅当 $\boldsymbol{A}\leqslant\boldsymbol{B}^{L}$ 时,$\boldsymbol{A}^{I}=\boldsymbol{A}$;当且仅当 $\boldsymbol{A}^{U}\leqslant\boldsymbol{B}$ 时,$\boldsymbol{B}^{I}=\boldsymbol{B}$。

在望小优化问题中,区间 $\boldsymbol{B}^{I}$ 优于 $\boldsymbol{A}^{I}$:当且仅当 $\boldsymbol{B}^{L}\leqslant\boldsymbol{A}^{L}$ 和 $\boldsymbol{B}^{U}\leqslant\boldsymbol{A}^{U}$ 时,$\boldsymbol{A}^{I}\leqslant_{LR}\boldsymbol{B}^{I}$;当且仅当 $\boldsymbol{A}\geqslant\boldsymbol{B}^{U}$ 时,$\boldsymbol{A}^{I}=\boldsymbol{A}$;当且仅当 $\boldsymbol{A}^{L}\geqslant\boldsymbol{B}$ 时,$\boldsymbol{B}^{I}=\boldsymbol{B}$。

上述方法侧重于比较两个区间数的最小值和最大值,反映了设计者对区间上、下界的偏好。

（6）由 $\leqslant_{CW}$ 定义的顺序关系

在望大优化问题中,区间 $\boldsymbol{B}^{I}$ 优于 $\boldsymbol{A}^{I}$:当且仅当 $\boldsymbol{A}^{C}\leqslant\boldsymbol{B}^{C}$ 和 $\boldsymbol{A}^{W}\geqslant\boldsymbol{B}^{W}$ 时,$\boldsymbol{A}^{I}\leqslant_{CW}\boldsymbol{B}^{I}$;当且仅当 $\boldsymbol{A}\leqslant\boldsymbol{B}^{C}$ 和 $\boldsymbol{B}^{W}=0$ 时,$\boldsymbol{A}^{I}=\boldsymbol{A}$;当且仅当 $\boldsymbol{A}^{C}\leqslant\boldsymbol{B}$ 时,$\boldsymbol{B}^{I}=\boldsymbol{B}$。

在望小优化问题中,区间 $\boldsymbol{B}^{I}$ 优于 $\boldsymbol{A}^{I}$:当且仅当 $\boldsymbol{B}^{C}\leqslant\boldsymbol{A}^{C}$ 和 $\boldsymbol{B}^{W}\leqslant\boldsymbol{A}^{W}$ 时,$\boldsymbol{A}^{I}\leqslant_{CW}\boldsymbol{B}^{I}$;当且仅当 $\boldsymbol{A}\geqslant\boldsymbol{B}^{C}$ 和 $\boldsymbol{B}^{W}=0$ 时,$\boldsymbol{A}^{I}=\boldsymbol{A}$;当且仅当 $\boldsymbol{A}^{C}\geqslant\boldsymbol{B}$ 时,$\boldsymbol{B}^{I}=\boldsymbol{B}$。

上述方法除了考虑到区间的均值,同时还考虑到区间取值所包含的不确定性,区间宽度越大,不确定性越大,反映了设计者对区间均值和侧重于取不确定性小的区间值的偏好。

（7）由 $\leqslant_{LC}$ 定义的顺序关系

在望大优化问题中,区间 $\boldsymbol{B}^{I}$ 优于 $\boldsymbol{A}^{I}$:当且仅当 $\boldsymbol{A}^{L}\leqslant\boldsymbol{B}^{L}$ 和 $\boldsymbol{A}^{C}\leqslant\boldsymbol{B}^{C}$ 时,$\boldsymbol{A}^{I}\leqslant_{LC}\boldsymbol{B}^{I}$;当且仅当 $\boldsymbol{A}\leqslant\boldsymbol{B}^{L}$ 时,$\boldsymbol{A}^{I}=\boldsymbol{A}$;当且仅当 $\boldsymbol{A}^{C}\leqslant\boldsymbol{B}$ 时,$\boldsymbol{B}^{I}=\boldsymbol{B}$。

在望小优化问题中,区间 $\boldsymbol{B}^{I}$ 优于 $\boldsymbol{A}^{I}$:当且仅当 $\boldsymbol{B}^{L}\leqslant\boldsymbol{A}^{L}$ 和 $\boldsymbol{B}^{C}\leqslant\boldsymbol{A}^{C}$ 时,$\boldsymbol{A}^{I}\leqslant_{LC}\boldsymbol{B}^{I}$;当且仅当 $\boldsymbol{A}\geqslant\boldsymbol{B}^{C}$ 时,$\boldsymbol{A}^{I}=\boldsymbol{A}$;当且仅当 $\boldsymbol{A}^{L}\geqslant\boldsymbol{B}$ 时,$\boldsymbol{B}^{I}=\boldsymbol{B}$。

上述方法侧重于对区间最小值和均值的比较,反映了设计者对区间下界和中点的偏好。

2. 基于度的区间数排序方法

基于度的区间数排序方法是目前使用比较广泛的方法之一,该方法根据不同的度的定义刻画了区间数 $\boldsymbol{A}^{I}$ 优于 $\boldsymbol{B}^{I}$ 的程度。任意两个区间数 $\boldsymbol{A}^{I}$ 和 $\boldsymbol{B}^{I}$ 在数轴上的几何关系可分为以下三种情形:

① 区间数不相交（见图 8.4）；

② 区间数相交但不包含（见图 8.5）；

③ 区间数包含（见图 8.6）。

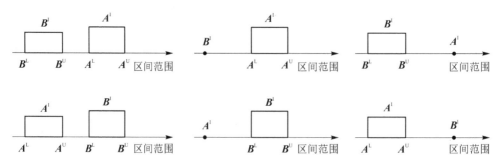

图 8.4　区间数不相交位置关系示意图

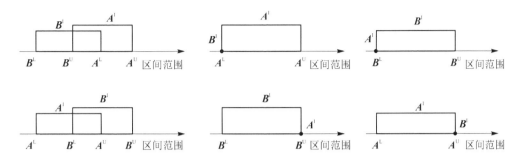

图 8.5　区间数相交但不包含位置关系示意图

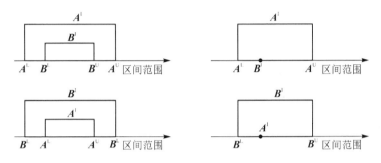

图 8.6　区间数包含位置关系示意图

任意两个区间数的相互关系往往不是绝对的,而是相互包含或部分相交。可见两个区间数的大小关系通常也不是绝对的,而是一个区间数比另一个区间数大多少或小多少的程度。以下对常用的基于度的区间数排序方法进行介绍。

定义 1　设区间数 $A^{\mathrm{I}} = [A^{\mathrm{L}}, A^{\mathrm{U}}]$, $B^{\mathrm{I}} = [B^{\mathrm{L}}, B^{\mathrm{U}}]$, 则区间数 $A^{\mathrm{I}} \geqslant B^{\mathrm{I}}$ 的可能度 $P(A^{\mathrm{I}} \geqslant B^{\mathrm{I}})$ 定义为

$$P(A^{\mathrm{I}} \geqslant B^{\mathrm{I}}) = \min \left[\max \left(\frac{A^{\mathrm{U}} - B^{\mathrm{L}}}{B^{\mathrm{U}} - B^{\mathrm{L}} + A^{\mathrm{U}} - A^{\mathrm{L}}}, 0 \right), 1 \right] \tag{8.9}$$

定义 2　设区间数 $A^{\mathrm{I}} = [A^{\mathrm{L}}, A^{\mathrm{U}}]$, $B^{\mathrm{I}} = [B^{\mathrm{L}}, B^{\mathrm{U}}]$, 则区间数 $A^{\mathrm{I}} \geqslant B^{\mathrm{I}}$ 的可能度 $P(A^{\mathrm{I}} \geqslant B^{\mathrm{I}})$ 定义为

$$P(A^{\mathrm{I}} \geqslant B^{\mathrm{I}}) = \frac{\max \left[0, B^{\mathrm{U}} - B^{\mathrm{L}} + A^{\mathrm{U}} - A^{\mathrm{L}} - \max(0, B^{\mathrm{U}} - A^{\mathrm{L}}) \right]}{B^{\mathrm{U}} - B^{\mathrm{L}} + A^{\mathrm{U}} - A^{\mathrm{L}}} \tag{8.10}$$

定义 3　设区间数 $A^{\mathrm{I}} = [A^{\mathrm{L}}, A^{\mathrm{U}}]$, $B^{\mathrm{I}} = [B^{\mathrm{L}}, B^{\mathrm{U}}]$, 则区间数 $A^{\mathrm{I}} \geqslant B^{\mathrm{I}}$ 的可能度 $P(A^{\mathrm{I}} \geqslant B^{\mathrm{I}})$ 定义如下:

① 当 A^{I}、B^{I} 分别为实数 A、B 时, $A > B$ 的可能度定义为

$$P(A > B) = \begin{cases} 1, & A > B \\ 0, & A \leqslant B \end{cases} \tag{8.11}$$

② 当 A^{I}、B^{I} 不全为实数时, $A^{\mathrm{I}} > B^{\mathrm{I}}$ 的可能度定义为

$$P(A^{\mathrm{I}} \geqslant B^{\mathrm{I}}) = \max \left[0, 1 - \max \left(0, \frac{B^{\mathrm{U}} - A^{\mathrm{L}}}{B^{\mathrm{U}} - B^{\mathrm{L}} + A^{\mathrm{U}} - A^{\mathrm{L}}} \right) \right] \tag{8.12}$$

定义 4 设区间数 $A^I=[A^L,A^U]$，$B^I=[B^L,B^U]$，则区间数 $A^I\geqslant B^I$ 的可能度 $P(A^I\geqslant B^I)$ 定义为

$$P(A^I\geqslant B^I)=\begin{cases}1,&B^U\geqslant A^L\\\dfrac{A^U-B^U}{A^U-A^L}+\dfrac{B^U-A^L}{A^U-A^L}\dfrac{A^L-B^L}{B^U-B^L}+\dfrac{1}{2}\cdot\dfrac{A^U-B^L}{A^U-A^L}\dfrac{B^U-A^L}{B^U-B^L}\\\dfrac{A^U-B^U}{B^U-B^L}+\dfrac{1}{2}\cdot\dfrac{B^U-B^L}{A^U-A^L}\\0\end{cases}\tag{8.13}$$

定义 5 设区间数 $A^I=[A^L,A^U]$，$B^I=[B^L,B^U]$，则区间数 $A^I\geqslant B^I$ 的可能度 $P(A^I\geqslant B^I)$ 定义为

$$P(A^I\geqslant B^I)=\begin{cases}1,&B^U\leqslant A^L\\\dfrac{A^U-B^U}{A^U-A^L}+\dfrac{B^U-A^L}{A^U-A^L}\dfrac{A^L-B^L}{B^U-B^L}+\dfrac{1}{2}\cdot\dfrac{A^U-B^L}{A^U-A^L}\dfrac{B^U-A^L}{B^U-B^L}\\\dfrac{A^U-B^U}{B^U-B^L}+\dfrac{1}{2}\cdot\dfrac{B^U-B^L}{A^U-A^L}\\\dfrac{1}{2}\cdot\dfrac{A^U-B^L}{B^U-B^L}\dfrac{A^U-B^U}{B^U-B^L}\\\dfrac{A^L-B^L}{B^U-B^L}+\dfrac{1}{2}\cdot\dfrac{A^U-A^L}{B^U-B^L}\\\dfrac{A^L-B^L}{B^U-B^L}\\\dfrac{A^U-B^U}{A^U-A^L}\\0\end{cases}\tag{8.14}$$

8.3　气动稳健优化设计

8.3.1　气动稳健优化问题的定义

在传统的飞机气动优化问题的研究中，通常把飞行状态和设计变量当成确定性参数进行处理，对飞机进行定点优化设计。以某一飞翼布局飞机的气动外形的优化问题为例，通常确定性优化问题可表述为以下形式：

给定参数：飞行高度 $H=18$ km，巡航马赫数 $Ma=0.8$。

最小化：阻力系数 C_d。

设计变量：飞机平面形状参数，飞机各剖面翼型曲线参数（厚度曲线参数、弯度曲线参数）。

约束条件：巡航升力系数等于设计平飞升力系数 $C_l=0.362$，俯仰力矩系数 $-0.005<C_m<0.005$。

已经知道,如果不考虑飞机气动设计的不确定性参数,那么根据上述优化问题的定义得到的优化方案往往不具有稳健性。也就是说当受到不确定性因素影响时,飞机的性能会产生很大的波动,甚至是不安全的。以下对方案中优化问题的不确定性参数进行分析。

飞机在飞行过程中,随着燃油消耗、飞机重量的降低,其升力系数也在发生变化,故将升力系数设为一个区间数,区间值为 $C_l = [0.213, 0.364]$。另外,考虑到之后的设计阶段,还会根据精确的气动数据对飞机外形参数进行修正,因此飞机的平面形状参数也都是不确定性设计变量,并假设不确定量的相对变差为 $\beta = 0.05$。由函数的区间扩张原理可知,关于给定参数和设计变量的目标函数 C_d 也是一个区间数。飞机气动稳健优化设计的目的不仅要使目标函数值尽可能小,同时还要确保目标值对不确定性因素的影响不敏感。换言之,不仅希望阻力系数最小,还希望阻力系数在飞行状态和外形参数稍作改变的情况下,阻力系数的波动也较小。这与区间数确定性排序中的 $\leqslant_{cw}$ 所表达的偏好类似。因此,本小节中在采用区间数确定性排序关系进行区间稳健可靠性优化设计时采用 $\leqslant_{cw}$ 形式。

在目标区间函数的寻优过程中,目标函数最小化及稳健性要求得到满足的前提是其中值和半径都最小,在这样的条件下才可以认为该目标函数的区间值是最优的。所以,寻找目标函数的最优值问题便转换为寻找具有最小中值和最小半径的目标函数区间值问题。本小节以某飞翼布局高空远程无人侦察机的气动结构优化设计方案为计算模型,考虑主要平面参数不确定性的影响,该不确定性优化设计问题可表述为:

设计参数:飞行高度 $H = 18$ km,巡航速度 $Ma = 0.8$。

最小化:阻力系数的中值 C_d^c,阻力系数的半径 C_d^w。

设计变量:不确定性设计变量及其名义值范围如表 8.1 所列,不确定量的相对变差为 0.05。表中的 A_R 表示展弦比,α_1 表示内翼前缘后掠角,α_2 表示外翼前缘后掠角。

约束条件:设计升力系数 $C_l^l = [0.213, 0.364]$。

表 8.1　不确定性设计变量的名义值范围

变量名称	上边界	下边界
A_R	8	15
$\alpha_1/(°)$	50	64
$\alpha_2/(°)$	18	30

在外层优化中选用第二代非劣排序遗传算法(NSGA-Ⅱ)对设计变量进行多目标优化,在内层优化中同样采用 NSGA-Ⅱ算法对设计变量的不确定性进行分析。

根据区间数理论,只要求得区间数的上界和下界,便可由公式(8.7)计算区间的中值和半径。因此,区间稳健优化设计首先要通过区间分析算法计算得出目标函数及约束函数的上下限,再依据区间数排序方法实现区间优化模型的确定性转化,这一转化过程需要分别对目标函数、不等式约束函数及等式约束函数进行稳健性分析。基于以上对飞机气动性能稳健优化设计的定义,建立了飞机气动稳健优化设计模型,如图 8.7 所示。

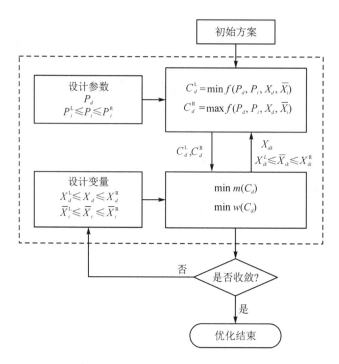

图 8.7 飞翼布局飞机稳健优化模型

8.3.2 基于区间的气动稳健优化流程

基于双层规划的区间稳健性优化模型从数学上讲是一个双层嵌套优化问题,内层优化用于设计参数的不确定性分析,通过区间算法计算出设计参数名义值对应的目标函数的区间值以及约束函数的上下界及其中值和半径;外层优化的主要任务是在设计空间内对设计向量进行寻优。在气动稳健优化设计模型的基础上,建立更为详细的飞机气动稳健优化设计模型的流程如图 8.8 所示。

飞机气动稳健优化设计流程的主要步骤如下:

① 采用 NSGA-Ⅱ算法从设计变量组成的设计空间中选择一个设计点。

② 根据设计点的名义值得到其相应的区间数,采用 NSGA-Ⅱ算法从不确定性设计参数和设计变量的变差范围内确定一组参数。

③ 根据步骤②确定的飞机外形参数,应用外形参数化建模方法,生成对应飞翼布局飞机的参数化模型。

④ 计算步骤③中建立的参数化模型在对应设计参数下的气动性能。

⑤ 重复步骤②~④,直至获得阻力系数区间的下界和上界,完成内层优化。

⑥ 根据阻力系数区间的下界和上界计算出阻力系数的中值和半径,完成对由当前设计变量名义值的不确定性引起的目标函数不确定性分析。

⑦ 对设计变量的名义值进行迭代优化,其中设计变量每迭代一次,依次重复步骤②~⑥,直至完成整个优化流程。

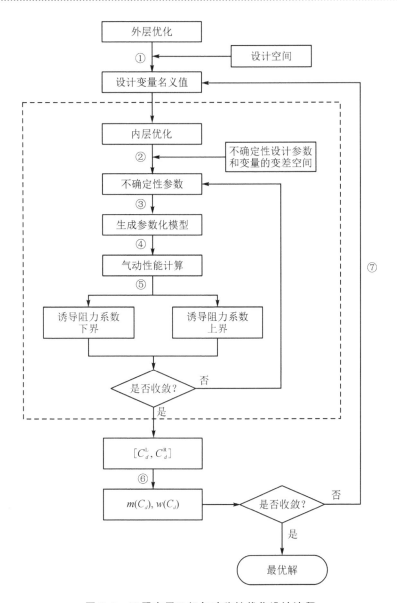

图 8.8　飞翼布局飞机气动稳健优化设计流程

8.3.3　优化结果与分析

　　由于上述的不确定性优化问题是一个多目标的优化问题,所以优化结果并不是一个确定的值,而是 Pareto 解集(气动稳健优化最优解集)。按照 8.3.2 小节的优化流程对飞机外形参数进行不确定性优化,得到包括 36 个最优解的 Pareto 解集,其具体的数值见附表 1,最优解集所对应的 Pareto 前沿如图 8.9 所示。

　　从图 8.9 中可以看出,气动优化的 Pareto 解集可以分为三部分:阻力系数区间有较小的中值,如图中 A 所示;阻力系数有较小的波动范围,如图中 C 所示;阻力系数的中值和半径介于两者之间,如图中 B 所示。分别从 A、B、C 对应的区域取一个解,列于表 8.2 中。由表中可见,在 Pareto 解集中不存在使阻力系数区间中值和半径同时最小的最优解;从结果中还可以

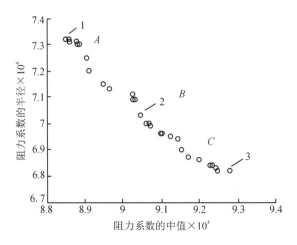

图 8.9　气动外形参数 Pareto 前沿

看到一个有趣的现象,即要想减小飞机的诱导阻力并提高其稳健性,则可通过减小外翼后掠角和增大展弦比来实现。

表 8.2　Pareto 解集中的典型解

设计点	$\alpha_1/(°)$	$\alpha_2/(°)$	A_R	$C_d^c \times 10^3$	$C_d^w \times 10^4$
1	63.978	18.001	14.979	8.850 87	7.324 86
2	61.031	18.047	14.964	9.044 78	7.025 34
3	56.834	18.417	14.964	9.279 79	6.819 35

8.4　结构可靠性优化设计

8.4.1　结构可靠性优化问题的定义

在总体设计阶段,飞机结构设计的主要任务是在保证满足使用要求的前提下,使结构重量尽量最轻。传统的飞机结构确定性优化可以表述为以下形式:

设计参数:飞机所受的载荷,载荷的分布形式。

最小化:结构重量 W_s。

设计变量:翼梁、翼肋和加强框缘条横截面积,翼梁、翼肋和加强框腹板厚度,蒙皮厚度。

约束条件:$-450 \text{ MPa} \leqslant \sigma_{max} \leqslant 450 \text{ MPa}$,$\sigma_{von} \leqslant 425 \text{ MPa}$,$\delta_{max} \leqslant 8\% \times l$。其中,$\sigma_{max}$ 表示杆单元的轴向应力约束,σ_{von} 表示壳单元的 von Mises 应力约束,δ_{max} 表示外翼翼尖处的垂直位移约束,l 表示半展长。

根据前文的分析,在飞机的制造和使用过程中存在着多种对结构性能影响较大的不确定性因素,如结构材料的性能偏差,以及翼面结构在制造和装配过程中产生的误差等。由于飞机结构系统比较复杂,如果在设计之初不考虑这些不确定性参数,往往会使结构的可靠性受到很大影响,甚至影响飞机的安全性。下面对方案结构设计中的不确定性参数进行分析,并对结构可靠性优化进行表述。

本小节中的不确定性因素包括结构材料参数的不确定性和外载荷的不确定性。根据相关研究成果[1]，把材料密度、弹性模量和气动载荷定义为不确定性参数，相对变差为 0.1。某飞翼布局高空远程无人侦察机的气动结构优化方案为初始模型，对其结构尺寸进行优化。在结构设计过程中，由于不确定性参数的影响，由函数的区间扩张原理可知结构重量也为一区间数。根据 8.2 节中的确定性区间数排序方法，采用由 $\leqslant_R$ 所定义的顺序关系对目标函数进行排序，即在满足相关可能性的前提下，把结构重量上界最小的解作为最优解。当约束可能度水平为 1 时，该不确定性优化问题可表述如下：

设计参数：飞机所受载荷，材料性能，载荷分布形式。其中不确定性参数的取值范围如表 8.3 所列。

最小化：结构重量 W_S^U。

设计变量：翼梁、翼肋和加强框缘条横截面积，翼梁、翼肋和加强框腹板厚度，蒙皮厚度。

约束条件：$\sigma_{max}^I \in [-450, 450]$ MPa，$\sigma_{von}^I \leqslant 425$ MPa，$\delta_{max}^I \leqslant 8\% \times l$。

表 8.3 不确定性参数的区间值

参数名称	下界值	上界值
气动载荷/N	1 016 669	1 242 595
密度/(kg·m^{-3})	2 430	2 970
弹性模量/GPa	62	76

8.4.2 基于区间的结构可靠性优化设计

概率可靠性强调的是可接受行为的概率，非概率区间可靠性强调的是可接受行为的范围。由于结构设计的变量较多，如果采用类似 8.3.2 小节中的双层嵌套优化模型，内层进行可靠性分析，外层进行设计变量的寻优，则必然会大大增加计算量。本小节在对结构进行可靠性优化时，所有的不确定性参数以一种最差的组合方式同时出现，是不确定性因素对约束条件影响的最坏情况，此时优化后的结构重量最大，在此条件下得到的优化方案亦能满足其他条件下可靠性的要求。

对结构的可靠性优化可以作如下描述：整个优化模型同样分为两层，内层用于结构尺寸的优化，通过对结构尺寸的调整来获得当前不确定性参数组合所对应的最轻结构重量；外层对不确定性参数进行协调，以获得不确定性参数的最差组合。优化后，将结构重量最大值对应的不确定性参数组合视为不确定性参数的最差组合，将其对应的结构重量视为结构重量的上界值。本小节中采用多岛遗传算法进行外层优化，采用序列二次规划算法进行内层优化。

8.4.3 优化结果与分析

按照上述的分析对结构尺寸进行优化，优化后的结构质量的上界为 5 931 kg，其相比确定性优化结构质量增加了 6.4%。把优化后的方案在不确定性参数名义值下进行受力分析得到位移–应力云图，如图 8.10 所示，可以看出，结构的剩余强度较大。虽然结构重量有所增加，但其在不确定性因素的影响下表现出更高的可靠性。值得注意的是，不确定性参数的最差组合并非各不确定性参数边界值的组合。优化后,结构重量值最大对应的不确定性参数组合包括:气动载荷为 1 176 839 N,密度为 2 924.4 kg/m³,弹性模量为 68.212 GPa。

从上面的不确定性优化结果可以看出,不确定性优化是以损失性能为代价来增强系统对不确定性因素的抵抗能力。虽然不确定性优化后的性能较确定性优化有所降低,但若采用确定性优化设计方案,则在不确定性因素的环境中可能导致方案的性能出现较大偏差,甚至是不可行的。

图8.10彩图

图 8.10   飞机不确定性优化位移-应力云图

参考文献

[1] 邱志平,王晓军,许孟辉. 工程结构不确定优化设计技术[M]. 北京:科学出版社,2013.

[2] Yang J S, Nikolaidis E. Design of Aircraft Wings Subjected to Gust Loads—A Safety Index Based Approach[J]. AIAA Journal, 1991, 29(5):804-812.

[3] 宋笔锋,李为吉,吉国明,等. 大型结构可靠性优化设计的大系统方法[J]. 力学进展,2000,30(1):29-36.

[4] Abbas M, Bellahcene F. Cutting Plane Method for Multiple Objective Stochastic Integer Linear Programming[J]. European Journal of Operational Research, 2006, 168(3):967-984.

[5] Luhandjula M K. Fuzzy Optimization:An Appraisal[J]. Fuzzy Sets and Systems, 1989, 30(3):257-282.

[6] Jiang C, Han X, Liu G R, et al. A Nonlinear Interval Number Programming Method for Uncertain Optimization Problems[J]. European Journal of Operational Research, 2008, 188(1):1-13.

[7] Gurav S P, Goosen J F L. Bounded-but-unknown Uncertainty Optimization Using Design Sensitivities and Parallel Computing:Application To MEMS[J]. Computers & Structures, 2005, 83(14):1134-1149.

习　　题

1. 在飞行器设计中有哪些不确定性？试分别举例说明。

2. 在不确定性设计问题中，什么是稳健设计问题？什么是可靠性设计问题？

3. 不确定性分析模型有哪些？每种模型的特点是什么？

4. 请结合书中算例，谈谈如何将不确定性优化问题转换为确定性优化问题。

第9章 基于通用研究模型的机翼气动外形优化

由于跨声速运输机每天都有大量的飞行运动,因此机翼设计尤其重要。机翼形状的微小变化可能对燃料的燃烧产生很大影响,最终直接影响航空公司的运营成本和温室气体排放。

高性能计算机硬件和先进的算法使得用于评估飞机性能的计算流体动力学(CFD)模型的保真度不断提高。随着CFD计算效率的提高,使得结合数值优化方法进行飞机设计成为可能。尽管存在各种优化设计方法,但是基于梯度的优化算法和与伴随法相结合的优化方法被证明是有效的。通过这种优化方法得到最优设计所需的时间相当于CFD模拟总时间的$O(10^{-2})$,这使机翼设计者缩短了设计周期,从而能够更有效地探索设计空间;同时,他们还可以在设计过程的早期获得详细设计方案,从而能够更好地进行设计权衡,做出明智的设计决策。

气动外形优化最早可追溯到16世纪,当时牛顿使用变分法来减少外形的流体阻力。在此之后,尽管优化理论不断发展,直到20世纪60年代,随着优化理论和计算机硬件的突破,使得数值优化成为日常应用的可行工具。基于梯度的气动外形优化方法的应用起始于20世纪70年代。当时气动力分析采用全势小扰动无粘模型,梯度采用有限差分法计算。Hicks等人[1]首先解决了翼型设计优化问题。Hicks和Henne[2]使用一个三维求解器将机翼的11个设计变量进行优化来代表机翼形状和扭转分布。

由于机翼外形的每个局部微小变化都会对性能产生很大影响,因此对于设计变量较多的情况,机翼设计优化尤为有效。随着设计变量数量的增加,用有限差分计算梯度的计算成本令人望而却步。伴随法的提出很好地解决了这个问题,使梯度计算成本不依赖于设计变量的数目。关于计算气动力导数的方法,如伴随法,可详见Peter和Dwight[3]的工作。

Pironneau[4]首创了伴随法,通过推导Stokes方程和不可压缩欧拉方程[5]的伴随法来优化翼型。Jameson[6]将伴随法推广到无粘可压缩流,使之适用于跨声速翼型的优化设计。从那时起,可压缩欧拉方程伴随法的实现被各种研究者用于飞机气动外形优化。其中,Reuther等人[7]对整架飞机进行了气动外形优化。

跨声速机翼的气动设计需要一个能够表示激波边界层相互作用的模型,翼型形状、波阻和粘滞效应之间存在很强的非线性耦合,因此,利用一个完全依赖于欧拉方程的模型是无效的。将伴随法推广到湍流模型的可压缩N-S方程,使我们能够解决实际的气动设计[8]。

本章利用NASA通用研究模型机翼(简称模型翼),以升力约束阻力最小化为目标,开展模型翼气动外形优化,从而解决缺乏基准机翼气动优化设计问题。优化的几何外形和网格可作为基准的补充材料,同时解决了两个基准机翼气动优化问题:一是多点情况,另一个是厚度限制约束。此外,本章还研究了网格尺寸、设计变量的数量及其他分布的影响。

9.1 采用的方法

本节介绍用于气动外形优化研究的数值工具和方法。这些工具包括高保真(MACH)飞机机翼和MDO优化框架。MACH保证可以同时进行气动外形和结构尺寸优化,并考虑气动弹性影响。本节只考虑与气动外形优化相关的部分,包括几何参数化、网格扰动、CFD 求解器和优化算法。

9.1.1　几何参数化建模

可采用 FFD 体积法[9] 进行机翼参数化建模。FFD 体积法对机翼几何变化进行了参数化,而非几何本身,从而产生更高效和紧凑的几何设计变量集,进而更容易操作复杂的几何外形。通过执行牛顿搜索,将参数空间映射到物理空间,可以将任何几何图形嵌入到体积内。所有的几何变化都在 FFD 体的边界上进行。对这个外部边界的任何修改都会间接修改嵌入对象。FFD 方法的重要假设是:在整个优化过程中几何结构的拓扑结构是恒定的,这在机翼设计中通常如此。此外,由于 FFD 体积是三元 B 样条体积,因此很容易计算出体积内任意点的导数。图 9.1 显示了气动优化外形中使用的 FFD 体积法和几何控制点。外形设计变量是所有 FFD 在垂直方向(z)上的位移。

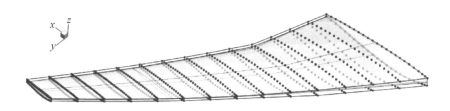

图 9.1　外形设计变量是 z 方向上的 720 个 FFD 控制点

9.1.2　网格扰动

由于 FFD 体积在优化过程中修改了几何外形,因此必须对 CFD 的网格进行扰动,以求解修改后的几何外形,求解时所采用的网格扰动方法是 Kenway 等人[9] 提出的代数与线性弹性相结合的混合方法,具体内容详见文献[9]。

9.1.3　CFD 求解器

SUmb 求解器[10]:这是一个有限体积,是以单元为中心的多块求解器,包含可压缩 Euler,以及层流 N－S 和 RANS 方程(稳态、非稳态和时间周期)。SUmb 提供了 1 个、2 个和 4 个方程的各种湍流选项和自适应壁函数选项。可采用人工耗散增强的 Jameson-Schmidt-Turkel (JST)格式进行空间离散化。利用显式多级龙格-库塔求解方法,并结合几何多重网格,运用对角占优交替方向隐式(DDADI)方法对分离的 Spalart-Allmaras 湍流方程进行迭代。为了有效计算优化所需的梯度信息,有学者提出了一种用于 SUmb 中的 Euler 和 RANS 方程的离散伴随方法。

9.1.4　优化算法

由于 CFD 计算成本较高,因此必须选择一种利用较少函数计算的优化算法。非梯度优化方法,如遗传算法,可以以更高概率接近多峰函数的全局最小值;然而又出现了收敛速度慢、计算量大、难以实现气动外形优化的问题,特别是在设计变量较多的情况下。因为需要数百个设计变量,所以使用了基于梯度的优化器,同时结合伴随法进行梯度计算。利用的寻优算法是 SNOPT(稀疏非线性优化器)[11],并通过 Python 接口 pyOpt。SNOPT 是一个基于梯度的优化器,采用序列二次规划方法,能够解决具有数千个约束和设计变量的大规模非线性优化问题。SNOPT 使用光滑的增广拉格朗日函数,拉格朗日函数的 Hessian 矩阵计算利用拟牛顿法。

9.2 数学建模

本章的优化目标是使用 RANS 方程对 NASA CRM 机翼进行升力约束下的阻力最小化。本节将对该问题进行完整描述。

9.2.1 基线几何模型

基线几何模型是一个从 CRM 翼–身[12]几何中提取的钝后缘机翼。NASA CRM 几何模型是为 CFD 验证研究而开发的。CRM 是跨声速运输机的代表,其尺寸与波音 777 相似。与波音 777 – 200 相比,CRM 的 1/4 弦的后掠度增加了 3.5°,机翼面积减小了 10.3%。CRM 的几何结构在气动性能方面进行了优化,同时这个基准几何为优化提供了一个合理的起点,为进一步的性能改进留下了空间。

将机身和尾翼从原 CRM 中移除,将剩余机翼移至对称面。这里所研究的基线几何模型如图 9.2 所示,所有坐标按照平均气动弦缩放。得到的参考弦长为 1,半跨度为 3.758 151。力矩基准点在 $(x, y, z) = (1.207\ 7, 0, 0.007\ 669)$ 处,参考面积为 3.407 014。

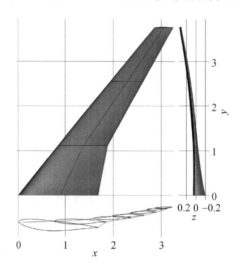

图 9.2　CRM 几何图形

9.2.2 网格收敛性

对 CRM 机翼采用结构化网格,网格使用 O 形拓扑从表面网格移动到位于跨度 25 倍距离的远场。马赫数为 0.85,雷诺数为 500 万,网格数量为 2 880 万,网格数量可参见表 9.1。

进行网格收敛性研究以确定网格的精度,表 9.1 列出了基线网格的升力、阻力和俯仰力矩系数,可以使用 Richardson 外推法计算零网格间距的升阻值,该方法在网格间距接近于零时估计升阻值,由表可以看到,基线 CRM 机翼的零网格间距阻力系数为 0.019 90,L0 级网格具有足够的准确性,因此本章采用 L0 级网格。图 9.3 所示为不同 O 形网格尺寸划分情况。

表 9.1　CRM 机翼网格收敛性研究

网格级别	网格数量/个	C_D	C_L	C_M	$\alpha/(°)$
$h=0$	∞	0.019 90	—	—	—
L00	230 686 720	0.019 92	0.500 0	$-0.177\ 6$	2.219 9
L0	28 835 840	0.0199 7	0.500 0	$-0.179\ 0$	2.210 0
L1	3 604 480	0.020 17	0.500 0	$-0.181\ 0$	2.183 7
L2	450 560	0.021 11	0.500 0	$-0.182\ 2$	2.194 4

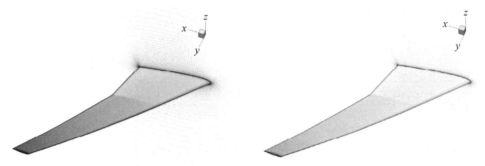

(a) L0级网格　　　　　　　　　　　(b) L1级网格

(c) L2级网格

图 9.3　不同 O 形网格尺寸划分情况

9.2.3 优化问题的数学建模

气动外形优化的目的是通过改变外形设计变量,使其服从升力约束($C_L=0.5$)和俯仰力矩约束($C_{M_y}\geq-0.17$)。设计变量有 FFD 体积中沿 z 轴方向运动的 720 个控制点和迎角。后缘的控制点被约束,以避免后缘的任何运动。在翼根前缘处的控制点也受到约束,以保持截面的恒定入射。每个位置的厚度设置大于基准厚度的 25%,内部体积大于或等于基准体积。该优化问题如表 9.2 所列。

表 9.2　气动外形优化问题

优化三要素	表示含义	数量/个
$\min C_D$	阻力系数最小目标	—
α	迎角	1
z	z 轴方向上 FFD 控制点数	720
	设计变量总数	721
s.t. $C_L=0.5$	升力系数约束	1
$C_{M_y}\geq-0.17$	力矩系数约束	1
$t\geq0.25t_{\text{base}}$	最小厚度约束	750
$V\geq V_{\text{base}}$	最小体积约束	1
$\Delta z_{\text{TE,upper}}\geq-\Delta z_{\text{TE,lower}}$	机翼后缘约束	15
$\Delta z_{\text{TE,upper,root}}\geq-\Delta z_{\text{TE,lower,root}}$	翼根处后缘约束	1
	约束条件总数	769

9.2.4 基线几何表面灵敏度

为了探讨基线几何外形潜在的改进情况,对灵敏度进行了分析。关于基线几何的阻力和俯仰力矩敏感性如图 9.4 所示,图中参数分别是阻力系数和俯仰力矩系数在 z 轴方向外形变化的导数。阻力系数梯度最大的区域在上表面激波附近和机翼前缘附近,这表明在优化

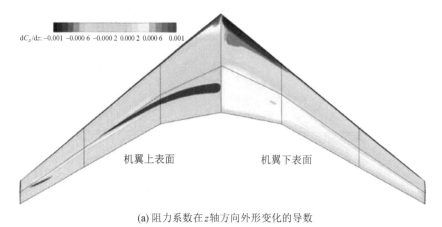

(a) 阻力系数在 z 轴方向外形变化的导数

图 9.4　基线几何气动优化敏感性

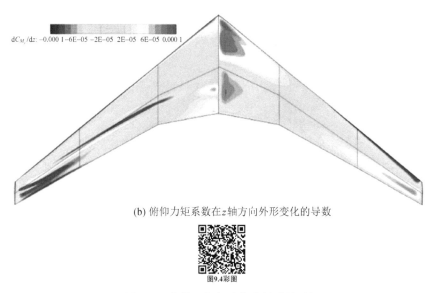

dC_{M_y}/dz: −0.000 1　−6E−05　−2E−05　2E−05　6E−05　0.000 1

(b) 俯仰力矩系数在 z 轴方向外形变化的导数

图9.4彩图

图 9.4　基线几何气动优化敏感性(续)

开始阶段,前缘和局部形状的改变降低了激波,从而降低了阻力系数。翼根和翼尖附近的外形变化对俯仰力矩系数的调节是有效的。

9.3　单点气动外形优化

本节将展示标准飞行条件($Ma = 0.85, Re = 5 \times 10^6$)下,CRM 机翼气动外形优化设计结果。使用 L0 网格进行优化,之所以能够进行如此多的网格优化,得益于多级优化加速技术,大大降低了优化的整体计算成本。通过优化,将阻力系数减小 8.5%,考虑到 CRM 布局是由经验丰富的空气动力学家设计的,这是一个显著的改进(尽管他们设计机翼时有机身存在,但在这个问题中忽略了这一点)。

图 9.5 给出了基线机翼和优化机翼气动特性的详细对比。在该图中,基线机翼结果显示为红色,优化后的机翼结果为蓝色。在最优点处,升力系数达到目标值,俯仰力矩系数减小到最小允许值。优化后的机翼的升力分布比基线更接近于椭圆分布,表面诱导阻力接近于平面尾迹的理论最小值。这是通过调整扭转分布和翼型实现的。基线机翼具有线性的扭转分布。优化后的设计在翼根和翼尖处具有较大的扭转力矩,在翼中附近有较小的扭转力矩。整体扭转角变化很小,从 $8.06°$ 到 $7.43°$。

优化后的翼型厚度分布相比于基线有显著差异,允许降低到原始厚度的 25%,同时也有较强的动机来降低翼型厚度以减小波阻。体积约束是大于或等于基线体积的,因此优化器大大降低了翼型厚度的弦外翼下界,同时增加了翼根附近的厚度。当弦较大时,体积-阻力权衡更有利。在实际中,较低的弦外厚度会带来很大的结构重量的损失,为了平衡阻力的减小和重量的增大,需要进行气动结构优化。

基线机翼展现出一个紧密的压力轮廓线,横跨机翼重要部分,表面有一个冲击。优化后的机翼呈现出均匀间距的平行压力轮廓线,表明在该飞行条件下得到了无冲击解。激波面图证实了这一点:可以看到基线机翼上表面有激波,而优化后的机翼没有激波。从机翼的 C_p 分布也可以看到冲击消除。由激波引起的局部压力急剧增加变成了从前缘到后缘的逐渐变化。

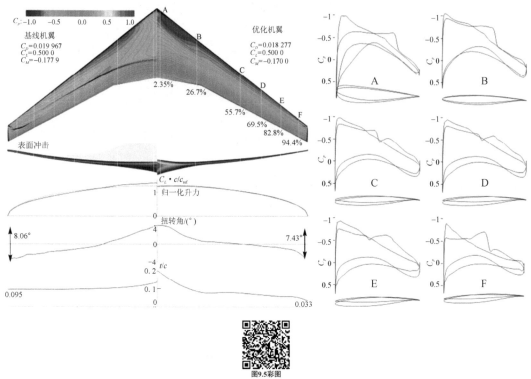

图9.5彩图

图 9.5　基线机翼和优化机翼气动特性对比情况

　　优化后的机翼的另一个显著特征是外翼部分具有尖锐前缘。优化器遇到了优化模型的不足：在单点优化中,不会因为前缘变薄而受到惩罚。然而在实践中,尖锐的前缘翼型会产生气流分离。

　　为了确保单点优化结果有足够的精度,对优化设计进行了网格收敛性研究。表 9.3 总结了各级网格结果,基线网格和优化网格的收敛性如图 9.6 所示。零网格间距阻力仍然是由 Richardson 外推法得到。由此可以看到,L0 级网格具有足够精度：L0 级网格的阻力系数与零网格间距得到的值在 1 个阻力计数内。基线网格和优化网格之间的阻力变化几乎是恒定的,这说明利用较粗的网格优化就能反映设计空间的变化趋势。因此,将在更粗的网格(L2)上进行剩余的优化分析。

表 9.3　网格尺寸对优化结果的影响

网格级别	网格数量/个	基线 C_D	优化 C_D	ΔC_D	C_L	优化 C_M	优化 $a/(°)$
$h=0$	∞	0.019 90	0.018 19	0.001 71	—	—	—
L00	230 686 720	0.019 92	0.018 20	0.001 71	0.500 0	−0.169 4	2.175 9
L0	28 835 840	0.019 97	0.018 25	0.001 72	0.500 0	−0.170 0	2.166 0
L1	3 604 480	0.020 17	0.018 46	0.001 71	0.500 0	−0.171 0	2.158 4
L2	450 560	0.021 11	0.019 64	0.001 47	0.500 0	−0.173 1	2.197 0

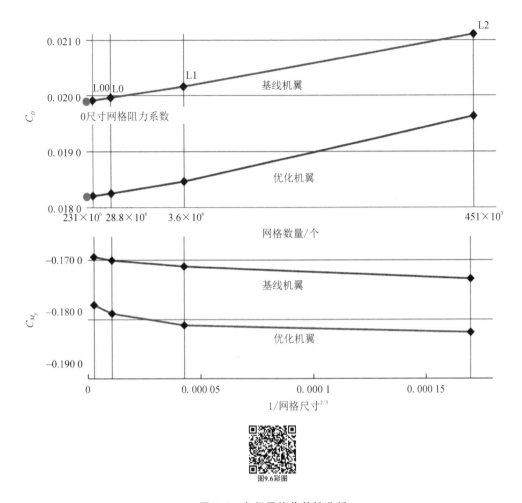

图 9.6　各级网格收敛性分析

9.4　多级优化加速技术

　　本节将介绍一种加速技术,可以降低优化的计算成本。气动外形优化是一项密集型工作,大部分计算工作都花在 CFD 求解和梯度计算上。因此,许多 CFD 研究人员开发了更高效的 CFD 求解器,如多重网格法、预处理法、牛顿变体法等都可以提高求解器的收敛性,从而减少整体优化时间。多年来,CFD 求解器得到了显著改进,提高了计算效率。另外一个需要改进的地方就是梯度的计算效率,伴随法可以有效计算设计变量的梯度。

　　本节受 CFD 网格排序程序启发,先在较粗的网格上进行优化,使之达到一定的优化水平。然后,移动到下一个网格级别,从粗网格优化最优设计变量开始优化。由于每个网格级别的阻力和升力系数不同,所以必须重新计算 Hessian 矩阵的近似值(基于梯度的优化器使用)。重复整个过程,直到最优网格的优化收敛。

分别使用三个网格级别：L2、L1、L0。目标函数、可行性和最优性的优化历程如图9.7所示。可以看到，大多数迭代都是在粗网格上进行的，这大大减少了细网格上函数梯度的计算次数。表9.4给出了每个网格级别花费的计算时间。由于采用较粗的网格进行优化，从而在L0级网格上只需18次迭代即可实现优化收敛。然而，L0级网格需要的计算时间最长。

表9.4 不同网格级别计算时间及迭代次数对比

网格级别	迭代次数	处理器/个	计算时间/h	总计算时间/h
L2	638	64	29.3	1 875.2
L1	89	256	20.2	5 171.2
L0	18	1 248	11.1	13 852.8

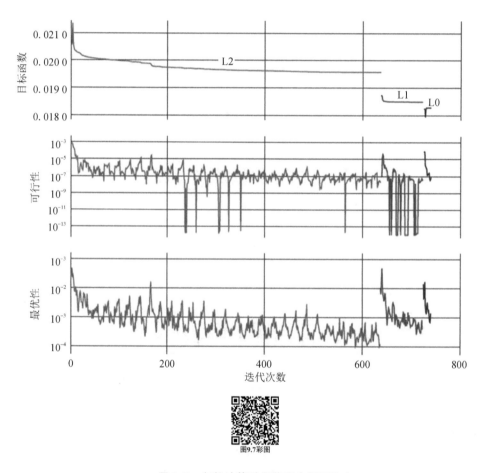

图9.7彩图

图9.7 多数计算时间花费在粗网格上

图9.8显示了每个网格级别的初始和优化结果。可以看到，L2、L1和L0级网格的优化结果都是相似的，说明当设计变量保持不变时，较粗的网格提供了对较细网格在设计空间中的良好近似。这种多级加速技术大大减少了优化精细网格所需的迭代次数，从而减少了总计算工作量。

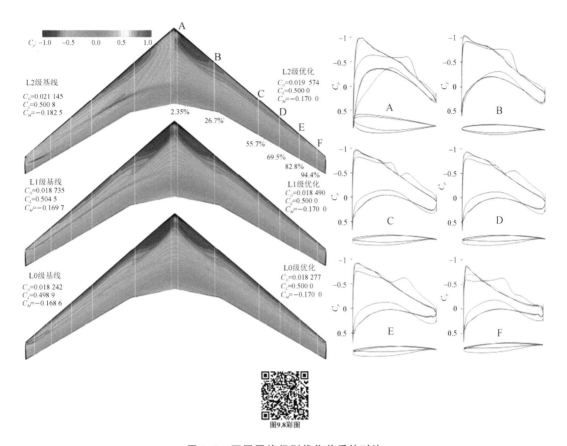

图 9.8 不同网格级别优化前后的对比

9.5 外形设计变量数量的影响

在 9.3 节中,优化了 720 个设计变量。本节探讨设计变量的数量与最优阻力之间的关系,并讨论其对计算成本的影响。通过创建一系列新的 FFD,以确保用少量设计变量进行适当的几何嵌入。外形设计变量分布在网格中,其中最细网格中的设计变量有 15×48 个=720 个。其中,15 对应 15 个不同的翼型,每个翼型的形状由 48 个控制点定义(一半在顶部,另一半在底部)。

图 9.9 给出了相同翼型数量、不同翼型控制点数量的优化结果对比。将翼型控制点从 48 个减少到 24 个,对最佳形状和压力分布的影响忽略不计,而最佳阻力只增加了 0.1 个计数。当进一步将翼型控制点数量减少到 12 个和 6 个时,两者的阻力和压力分布显示出明显的差异。

不同翼型数量、相同翼型控制点数量的优化结果对比如图 9.10 所示。可以看到,减少翼型数量所带来的阻力的惩罚力度比减少翼型控制点数量所带来的惩罚力度要轻。因此,在弦向增加设计变量的数量比在展向增加定义翼型的数量更有利。

同时,还可以在弦向和展向同时减少设计变量的数量,如图 9.11 所示。研究表明可以得到一个优化设计方案,即当设计变量为 8×24 个=192 个时,最优阻力系数差异仅为 0.6 个计数,因此,进一步减少设计变量的数量会对最佳阻力产生很大的影响。

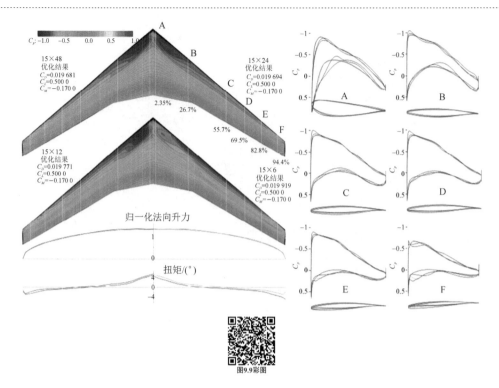

图 9.9　相同翼型数量、不同翼型控制点数量的优化结果对比

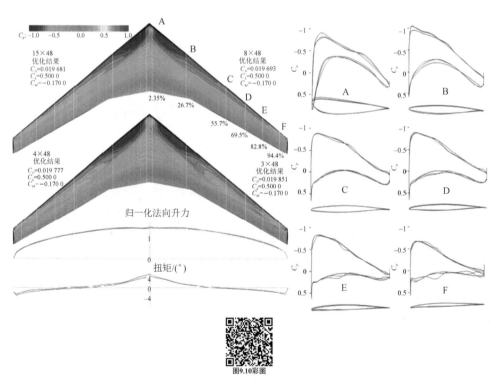

图 9.10　不同翼型数量、相同翼型控制点数量的优化结果对比

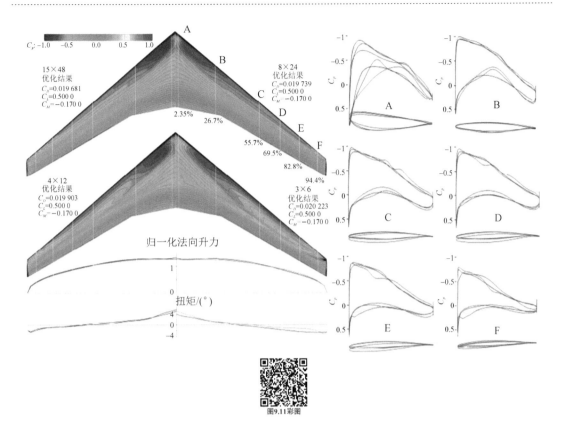

图 9.11　不同翼型数量和不同翼型控制点数量的优化结果对比

9.6　多点气动外形优化

由于飞行任务的可变性和空中交通管制的限制,使得飞机需要在多种巡航条件下运行。标准巡航条件下的单点优化可能过度体现了优化的好处,因为优化提高了设计时的性能,但却损害了设计外的性能。在 9.3 节中,单点优化机翼在机翼外侧显示了一个不切实际的尖锐前缘,这是由厚度约束(25% 的基线)和单点建模造成的。

尖锐的前缘是不可取的,因为它很容易产生气流分离,本节通过多点优化方法解决这个问题。优化在 L2 网格上进行,选择 5 种具有不同升力系数与马赫数组合等的飞行条件。飞行条件为标准巡航,巡航 C_L 的 ±10% 和巡航马赫数的 ±0.01 如图 9.12 所示。目标函数为 5 种飞行工况下的平均阻力系数,力矩约束只针对标准飞行工况。

单点和多点优化结果对比如图 9.13 所示。单点结果显示为蓝色,多点结果显示为橙色。C_p 为多点优化结果对应的标准条件。飞行工况 C2～C5 的多点分段 C_p 用灰色线标出。与单点优化得到的无冲击设计不同,多点优化设计解决了飞行条件之间的最优折中问题,即在所有条件下都存在较弱的冲击。前缘不如单点优化机翼尖锐,多点设计的整体压力分布与单点设计相似,扭转分布和升力分布几乎相同,大部分的区别在于外翼部分的弦向 C_p,标准工况下的阻力系数约高 2 个计数。

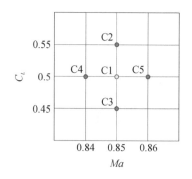

图 9.12　不同飞行工况下的 C_L 和马赫数

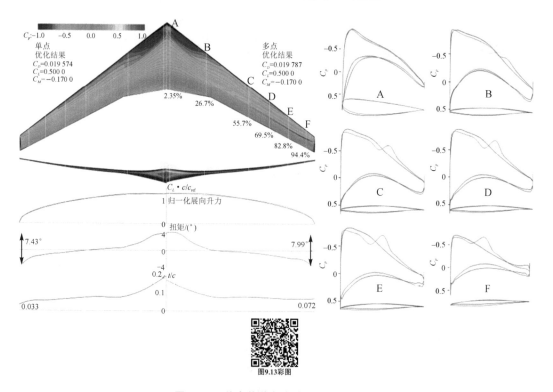

图 9.13　单点优化与多点优化结果对比

　　为了展示多点设计的鲁棒性，绘制了基线、单点和多点设计相对于 C_L 和巡航马赫数的 $M_{L/D}$ 轮廓，如图 9.14 所示。$M_{L/D}$ 表示一种基于 Breguet 航程方程的、具有恒定推力比油耗的飞机航程量化指标。虽然推力比油耗实际上不是恒定的，但当在有限的马赫数[13]范围内比较性能时，可以假设推力比油耗恒定。之所以在计算的阻力中添加了 100 个阻力数，是因为考虑到由机身、尾部和机舱造成的阻力，这样可以得到更真实的 $M_{L/D}$ 值。

　　基线 $M_{L/D\,\max}$ 在较低马赫数下比在标准飞行状态下的 $M_{L/D\,\max}$ 有较高的 C_L。单点优化将 $M_{L/D\,\max}$ 提高了 4%，并将这个最大值向标准巡航条件移动。如果查看 $M_{L/D}$ 沿 $C_L=0.5$ 的变化，则可以看到在标准马赫数 0.85 的情况下出现了最大值，在阻力散度图中对应的是一个下降。

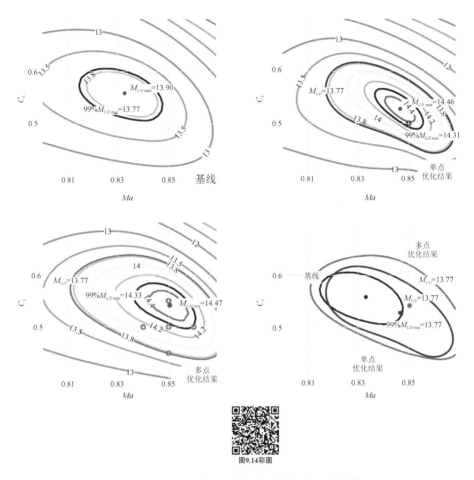

图9.14彩图

图 9.14　基线、单点、多点优化结果鲁棒性

对于多点优化,在 Ma - C_L 空间分布中,优化后使得 $M_{L/D}$ 的变化趋于平稳,接近最大值,这意味着在一系列飞行条件下有更稳定的性能。在飞机设计中,通常用 $M_{L/D\,max}$ 轮廓的 99% 的数值来检验设计的鲁棒性。等高线上马赫数最高的点对应的是远程巡航点(LRC),在这个点上,飞机可以通过增加 1% 的燃料燃烧来获取更高的速度飞行。在这种情况下,可以看到多点设计的 $M_{L/D\,max}$ 轮廓的 99% 的数值比单点最优设计的数值大,这表明设计更稳健。

参考文献

[1] Hicks R M, Murman E M, Vanderplaats G N. An Assessment of Airfoil Design by Numerical Optimization: Tech. Rep. : NASA-TM-X-3092[R]. Washington: NASA, 1974.

[2] Hicks R M, Henne P A. Wing Design by Numerical Optimization[J]. Journal of Aircraft, 1978, 15:407-412.

[3] Peter J E V, Dwight R P. Numerical Sensitivity Analysis for Aerodynamic Optimization: A Survey of Approaches[J]. Computers and Fluids, 2010, 39:373-391.

［4］ Pironneau O. On Optimum Profiles in Stokes Flow［J］. Journal of Fluid Mechanics, 1973, 59(1):117-128.

［5］ Pironneau O. On Optimum Design in Fluid Mechanics［J］. Journal of Fluid Mechanics, 1974, 64:97-110.

［6］ Jameson A. Aerodynamic Design via Control Theory［J］. Journal of Scientific Computing, 1988, 3(3):233-260.

［7］ Reuther J J, Jameson A, Alonso J J, et al. Constrained Multipoint Aerodynamic Shape Optimization Using an Adjoint Formulation and Parallel Computers: Part 1［J］. Journal of Aircraft, 1999, 36(1):51-60.

［8］ Jameson A, Martinelli L, Pierce N. Optimum Aerodynamic Design Using the Navier Stokes Equations［J］. Theoretical and Computational Fluid Dynamics, 1998, 10(1-4): 213-237.

［9］ Kenway G K, Kennedy G J, Martins J R R A. A CAD-free Approach to High-Fidelity Aerostructural Optimization ［C］//AIAA. Proceedings of the 13th AIAA/ISSMO Multidisciplinary Analysis Optimization Conference. Fort Worth, TX: AIAA, 2010.

［10］ van der Weide E, Kalitzin G, Schluter J, et al. Unsteady Turbomachinery Computations Using Massively Parallel Platforms［C］//AIAA. 44th AIAA Aerospace Sciences Meeting and Exhibit. Reno, Nevada: AIAA, 2006.

［11］ Gill P E, Murray W, Saunders M A. SNOPT: An SQP Algorithm for Large-scale Constrained Optimization［J］. SIAM Journal on Optimization, 2002, 12(4):979-1006.

［12］ Vassberg J, Dehaan M, Rivers M, et al. Development of a Common Research Model for Applied CFD Validation Studies ［C］//26th AIAA Applied Aerodynamics Conference. Honolulu, Hawaii: AIAA, 2008.

［13］ Torenbeek E. Advanced Aircraft Design: Conceptual Design, Technology and Optimization of Subsonic Civil Airplanes, Aerospace Series［M］. Jersey City, New Jersey: Wiley, 2013.

第 10 章　基于通用研究模型的翼-体-尾气动外形优化

　　计算流体动力学(CFD)的发展使飞机的空气动力学设计得到了很大提升,取代了以往的风洞测试,缩短了设计周期。利用数值优化技术,通过自动改变设计和寻求最优设计来进一步改善飞机空气动力学特性。由于三维外形的气动性能优化设计需要数百个设计变量,因此多数研究人员使用了基于梯度的优化器和伴随法来计算梯度。随着高性能并行计算机不断发展,使得基于雷诺平均 Navier – Stokes (RANS)方程对具有数百个设计变量的复杂几何外形进行气动形状优化成为可能[1-2]。

　　机翼和水平尾翼直接影响飞机的升力、阻力和力矩,对飞机的气动性能起着至关重要的作用。通过优化机翼来减小阻力的方式,可能不适用于飞机整体结构的调整(即飞机在力和力矩方面处于平衡状态),因此在优化时考虑配平约束是很重要的。在典型的跨声速飞机中,可通过转动整个水平尾翼来实现配平。这种配平约束可以不对尾翼进行建模,而通过单独约束机翼力矩来实现。虽然这样做可以防止机翼产生过多的俯仰力矩,限制配平阻力,但它无法实现机翼气动性能与整架飞机配平之间的权衡。此外,在 Trefftz 飞机中,尾部的气动载荷影响整个飞机的循环分布,从而直接影响诱导阻力。对于给定的尾翼系统,当机翼加载椭圆载荷时,诱导阻力并不能达到最小,最优的翼型和扭转受水平尾翼设计的影响[3]。因此,在进行气动外形优化时,需要对尾翼进行同步分析和设计优化。

　　为了满足这一需求,对通用研究模型(CRM)布局进行了一系列气动外形优化。基于欧拉的模型可以对跨声速机翼提供非物理设计,因此将 RANS 和 Spalart – Allmaras(SA)湍流模型一起使用。本章首先探讨在有无配平约束和有无水平尾翼设计的飞机上进行优化所获得结果的差异;其次研究只在机身存在的情况下机翼的外形优化,并将整个布局的修正阻力极值加入修正惩罚,最大程度上接近真实优化。

　　机翼的气动外形设计优化已被许多学者研究,而对于翼-体或翼-体-尾等更复杂结构的气动外形设计优化的研究则相对较少。本章将利用 RANS CFD 方法对 CRM 翼-体-尾布局进行升力约束阻力最小化的气动外形优化。

　　一些研究在气动结构设计优化的背景下考虑了简化 CRM 布局,对其气动形状和结构尺寸都进行了优化[4-5]。飞翼布局飞机,如翼-体混合布局(BWB)等,表现出气动性能与配平之间的强烈耦合,机翼必须能够自行配平力矩,同时保持纵向稳定性。Lyu 和 Martins[2]对包括配平和稳定性在内的 BWB 布局进行了气动外形优化研究,并采用 Cliff 和 Reuther[6]的软件对高速民用交通(HSCT)进行了气动外形优化研究,在跨声速条件下分别进行了多点设计和连续巡航点设计后的配平优化。对于尾翼设计优化,已有一些研究涉及概念层面的设计,如尾翼尺寸、二面角和载荷,但很少有研究考虑配平的问题。本章利用尾翼转动进行飞机配平的全机构 RANS 气动外形优化,同时考虑配平约束对设计的影响。

10.1　采用的方法

首先介绍用于优化研究的数值工具和方法,它们是高保真(MACH)飞机布局多学科设计优化(MDO)框架的重要组成部分。MACH 可以同时优化气动外形和结构尺寸变量,并考虑气动弹性的影响。本章只关注气动外形优化,忽略结构的影响。

10.1.1　几何参数化建模

机翼和尾翼的几何外形都使用自由形状变形(FFD)体积进行参数化建模。关于 FFD 体积参数化建模的过程,可参考 9.1.1 小节,本小节不再详细讨论。图 10.1 显示了翼-体-尾结构气动外形优化的 FFD 体积和几何控制点。整个飞机被 28 个 FFD 体积块包围,一部分是参数化机翼,还有一部分是参数化尾翼。

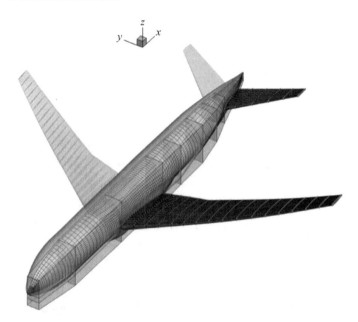

图 10.1　翼-体-尾结构的 FFD 体积和几何控制点

机翼参数化使用 816 个设计变量,它们是 FFD 控制点的 z 坐标。机翼控制点分布在 FFD 体积面上,形成 17 个展向点、24 个弦向点的规则网格,上、下表面分别由两层控制,如图 10.1 所示。由于机翼跨声速气动性能对前缘形状较敏感,因此沿弦向的 FFD 控制点分布并不均匀,前缘周围的控制点越多,间距越小,该区域的形状参数化越好。翼根入射角被约束为固定。另外 144 个设计变量用于参数化尾翼形状。

大多数现代客机通过旋转整个水平尾翼来实现力矩平衡,从而产生俯仰力矩来调整飞机,为此,可通过旋转围绕水平尾翼的子 FFD 块来实现,如图 10.2 所示。尾部固定旋转的轴线位于尾根部截面的 40% 弦长处,垂直于对称面。随着机尾的旋转,机尾与机身的交点可以自由变化,像在真实的飞机中一样。

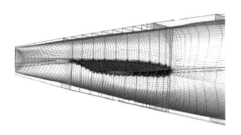

(a) –5° 尾翼旋转

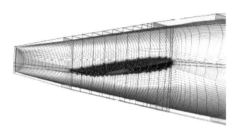

(b) 5° 尾翼旋转

图 10.2　水平尾翼 FFD 块

10.1.2　网格扰动

由于 FFD 体积在优化过程中修改了几何形状,因此必须通过对 CFD 网格进行扰动来解决修改后的几何形变。本小节所使用的网格扰动格式是代数和线性弹性方法[7]的混合方法。

10.1.3　CFD 求解器

对于 CFD,依然使用 SUmb 求解器,这是一个有限体积、以单元为中心的多块求解器。关于 SUmb 求解器,可参考 9.1.3 小节,本小节不再详细讨论。

10.1.4　优化算法

对于优化算法,本小节也采用类似 9.1.4 小节的方法,通过 Python 接口 pyOpt 和利用优化算法 SNOPT(稀疏非线性优化器)。SNOPT 是一个基于梯度的优化器,能够解决数千个约束和设计变量的大规模非线性优化问题。

10.2　数学建模

10.2.1　基线几何模型

如前所述,基线几何模型选取 DPW-4 CRM,它是一个翼–体–尾布局,尾部旋转设置为零,其几何结构如图 10.3 所示。参考点在 25% MAC 处,对应于重心的位置。该点坐标为 $(x, y, z) = (33.677, 0.007\ 7, 4.520)$ m,参考面积为 383.69 m^2,参考长度(MAC)为 7.005 m。CRM 的标准飞行条件是巡航马赫数为 0.85,升力系数 $C_L = 0.50$。根据平均气动弦数选取雷诺数为 500 万,与风洞试验结果一致。

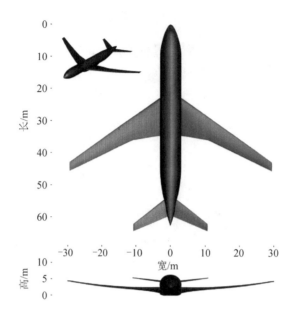

图 10.3　基线几何模型 CRM

10.2.2　网格收敛性

利用 ANSYS ICEM-CFD 生成 CFD 结构网格,由 O-H 拓扑的多块结构节点匹配的网格组成,总块数为 1 018 块。首先对不同粗化程度的网格进行收敛性研究。收敛性研究的流场条件为标准巡航条件($Ma=0.85$,$Re=5\times10^6$,$C_L=0.5$)。ICEM-CFD 直接生成的最细网格约有 4 780 万个节点(用 L0 级网格表示)。该网格经过两次均匀粗化,得到 597 万个节点网格(L1 级网格)和 74.6 万个节点网格(L2 级网格)。L0、L1、L2 级网格的曲面和对称平面如图 10.4 所示。表 10.1 列出了这三种网格的网格数量、C_D 值、y^+ 值、C_L 值、C_{M_y} 值和 α 值。这里还是采用 Richardson 外推法来计算零网格间距的阻力系数值,即当网格间距接近于零时的阻力系数值。考虑到计算时间和计算精度,后面决定使用两个粗网格级别(L1 和 L2)进行优化。由于执行的优化包括尾翼旋转和尾翼形状变化,这可能会影响飞机的纵向稳定性,因此计算了巡航状态下基线几何形状的 $-\partial C_M/\partial C_L$。

表 10.1　不同级别网格收敛性情况

网格级别	网格数量/个	C_D	y^+	C_L	C_{M_y}	$\alpha/(°)$
$h=0$	∞	0.026 581	—	—	—	—
L0	47 751 168	0.027 353	0.996	0.500 0	−0.038 6	2.332
L1	5 968 896	0.029 068	2.744	0.500 0	−0.041 1	2.411
L2	746 112	0.035 227	5.244	0.500 0	−0.050 8	2.551

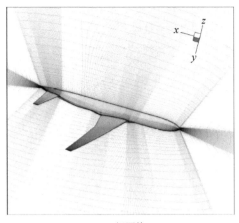

(a) L0级网格

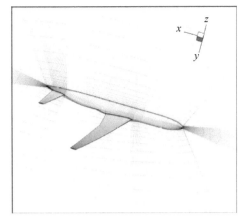

(b) L1级网格

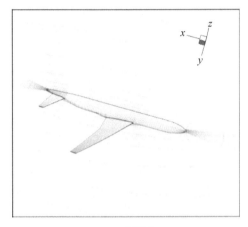

(c) L2级网格

图 10.4　不同级别网格和对称平面

10.2.3　优化问题的数学建模

本优化问题的目标是在升力系数约束($C_L = 0.5$)下,使飞机的阻力系数最小。迎角是满足升力系数约束的主要设计变量。外形设计变量如 10.1.1 小节所述,总共有 816 个机翼外形设计变量,144 个尾翼外形设计变量。如前所述,水平尾翼旋转角是一个额外的设计变量,通过 $C_M = 0$ 作为约束。尾翼旋转的界限值设置为±5°。

几何约束条件如下:机翼内部体积被限制为不小于基线的体积。在机翼均匀网格上的点施加 1 000 个厚度约束,其中在弦向上为 25 个,展向上为 40 个,如图 10.1 所示。这些厚度约束保证了这些位置的厚度不小于相应的基线厚度,从而保证了相应的结构高度。机翼前缘(前 4%弦长)的厚度约束保证了前缘半径没有明显减小,在一定程度上保持了低速性能。

本章将研究 6 种案例情况,以了解在气动外形优化中包含配平的影响。表 10.2 总结了这 6 种案例情况。在案例 1 中,用机翼外形设计变量优化了翼-体-尾结构。在案例 2 中,添加了尾翼旋转设计变量和配平约束。在案例 3 和案例 4 中,通过从原始的翼-体-尾布局中删除尾部来创建翼-体布局。在案例 3 中,为了配平阻力,利用代理模型强制 C_L 和 C_M 约束;在案例 4 中,C_L 和 C_M 为配平基线几何翼-身组件的固定值。最后,将尾翼外形设计变量加入到没有配平约束(案例 5)和有配平约束(案例 6)的翼-体-尾布局优化中。

表 10.2　6 个优化案例设计变量及约束条件

案　例	布　局	设计变量	约束条件
1	翼-体-尾	迎角,机翼外形	几何约束 $C_L = 0.5$
2	翼-体-尾	迎角,机翼外形,尾翼旋转	几何约束 $C_L = 0.5, C_M = 0$
3	翼-体	迎角,机翼外形	几何约束 $C_L = 0.5, C_M = 0$ (代理模型)
4	翼-体	迎角,机翼外形	几何约束 $C_L = 0.525\,6,$ $C_M \geqslant -0.099\,6$
5	翼-体-尾	迎角,机翼外形,尾翼外形	几何约束 $C_L = 0.5$
6	翼-体-尾	迎角,机翼外形, 尾翼外形,尾翼旋转	几何约束 $C_L = 0.5, C_M = 0$

10.2.4　基线几何表面灵敏度

首先在标准巡航条件下对基线几何进行灵敏度分析。图 10.5 显示了 C_D 对机翼和机身 z 方向形状变化的导数;z 的变化是朝上为正,与表面的局部方向无关。在图 10.5 中可以看

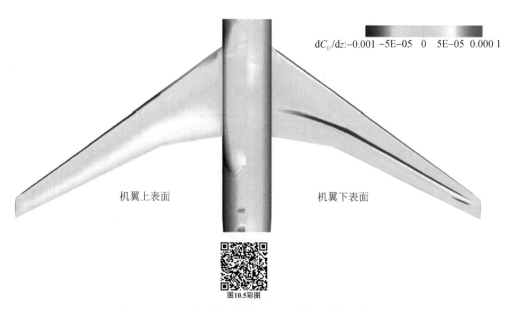

$dC_D/dz{:}{-}0.001\ {-}5E{-}05\ 0\ 5E{-}05\ 0.000\,1$

机翼上表面　　　　机翼下表面

图10.5彩图

图 10.5　C_D 对机翼和机身 z 方向形状变化的导数

到,对 C_D 敏感度最高的区域之一是机翼上表面的激波区域。对这个区域的优化可以大大降低波阻,后面的优化将试图消除激波以降低 C_D。

10.3　案例 1:无力矩约束的机翼优化

本节将介绍 CRM 翼–体–尾布局的单点气动外形设计优化及其结果,其中只有机翼外形设计变量在没有力矩约束的情况下发生改变。多级优化采用 L2 级和 L1 级两个网格层次,在这种情况下,L2 级网格使用 64 个处理器,L1 级网格使用 256 个处理器。设计变量是机翼外形设计变量和迎角,带有升力系数和几何约束。尾翼旋转不是一个设计变量,先不考虑配平布局。优化后的 L1 级网格机翼的阻力比基线几何的低 3.54%。在一定流场条件下,阻力变量从 290.7 个减少到 280.4 个。俯仰力矩系数从 −0.041 增大到 −0.078,迎角从 2.4° 增大到 3.1°。

两级优化的收敛过程如图 10.6 所示。在 SNOPT 中,可行性表示非线性约束满足的程度。最优性指当前点满足一阶 Karush - Kuhn - Tucker(KKT)条件的程度。对于第一次网格级优化,最优性通常下降 2～3 个数量级,而可行性则收敛至 10^{-7} 或更小的误差。在优化迭代结束时,阻力系数的变化幅度小于 0.01%。

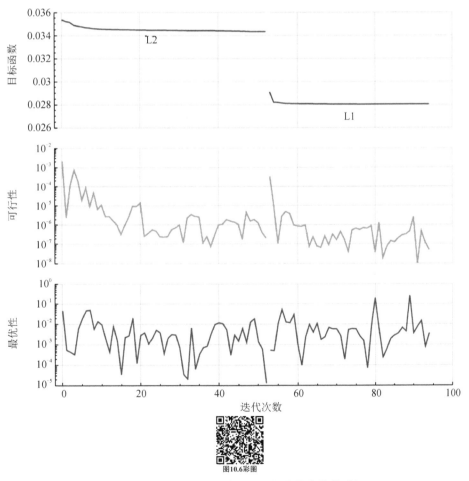

图 10.6　无力矩约束的机翼两级优化的收敛过程

图 10.7 显示了基线机翼与优化机翼的对比。图左侧为上表面压力系数轮廓图,其中基线机翼呈现出一段间隔很近的压力轮廓线,横跨机翼的很大一部分,这表明存在激波。另外,优化后的机翼呈现出大致相等间距的平行压力轮廓线,这表明近似无激波。在等高线对比图下方,前视图显示了基线机翼上方的激波区域,用橙色渲染。基本思想是利用压力梯度找到垂直于激波的马赫数值,以便形成一个渲染激波的表面。由于激波面的法向与压力梯度的矢量方向一致,因此该矢量方向上的马赫数为归一化马赫数。在正常马赫数大于或等于 1 的地方存在激波。优化后的机翼没有显示出振动。图左下角给出了相对厚度、机翼扭转分布和归一化升力优化前后的对比情况。

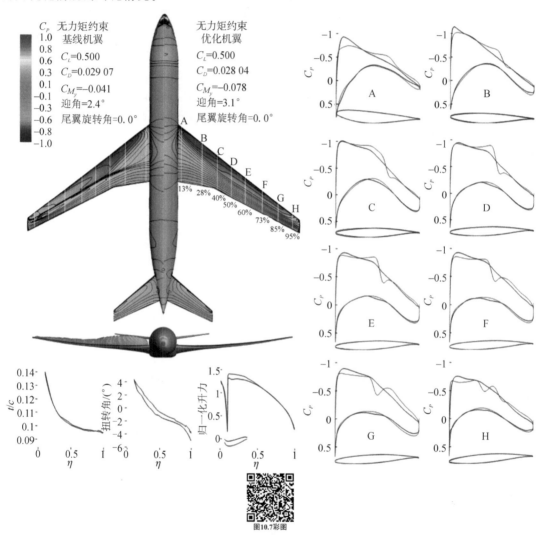

图 10.7　无力矩约束的机翼优化前后的对比情况

图 10.7 的右侧显示了多个翼型截面几何形状和相应的压力系数分布的比较,其中红色代表基线,蓝色代表优化后的形状。这些图表明,优化消除了激波,优化后机翼上表面的压力平稳地从前缘恢复到后缘,而基线机翼上的激波则有所不同。由于本例中没有施加力矩约束,也没有将尾翼旋转作为设计变量,因此俯仰力矩从 −0.041 增大到 −0.078。通过分离翼–身和

尾翼上的升力,得到了优化机翼和基线机翼的升力分布。这些分布表明,尾翼的负升力和机翼的正升力都有所下降。由于尾翼不能旋转,所以迎角从 2.41° 增大到 3.1°,这可能是由于优化器增大了这个角度以便减小尾翼的负升力,同时也减小机翼的升力,以保持升力系数 $C_L = 0.5$ 的平衡。机翼升力的降低使得优化器更容易减小机翼阻力,以实现无激波设计。在一定程度上,优化器利用迎角来实现机翼升力和尾翼升力之间的平衡。

通过上面的分析,可以得出如下结论:只对机翼进行无力矩约束的优化能够实现无激波设计,并显著减小阻力。然而,负俯仰力矩明显增加,这表明如果使用这种布局将导致更高的阻力。案例 2 将证实这一推测。

10.4　案例 2:带有尾翼旋转和力矩约束的机翼优化

本优化将俯仰力矩约束和尾翼旋转角作为额外的设计变量来实现配平。

图 10.8 比较了配平的优化机翼和未配平的优化机翼。配平优化时,优化后的尾翼旋转角

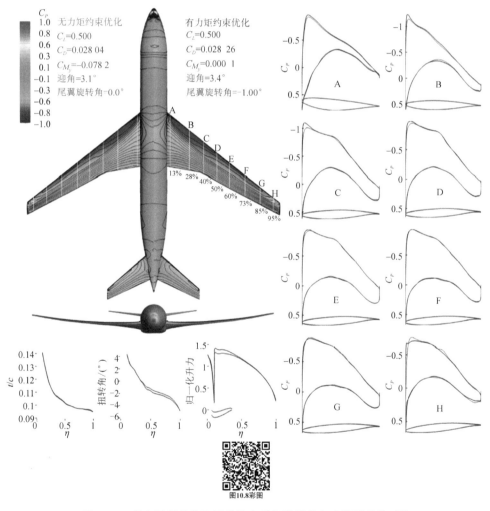

图 10.8　带有尾翼旋转和配平约束的机翼优化与未配平优化对比

为－1°。配平优化机翼的阻力值相对于未配平优化机翼增加了 2.2 个阻力数,但总阻力仍低于未配平的基线机翼。迎角进一步从 3.1°增大到 3.4°。该优化机翼的压力系数曲线与非配平机翼相似,但给出了无激波的优化解。从图 10.8 中的截面压力系数可以看出,内翼截面的压力峰值有所增大,这与内翼升力的增大是一致的,这部分补偿了为了调整布局而增大的尾翼负升力。

案例中对优化后的几何外形进行了阻力收敛性研究,并将收敛性与基线几何进行了比较。首先对 L1 级网格进行优化,然后将优化得到的设计变量应用于 L2 级和 L0 级网格,得到相同几何形状的三个网格层的优化结果,如图 10.9 所示。由图可以看出,当优化后的几何形状在较粗的 L2 级网格上进行验证时,该网格的减阻效果低于 L1 级网格,这主要是由于粗网格的精度较低。然而,图 10.9 还显示,当使用更细的 L0 级网格验证优化后的几何外形时,优化后的几何外形的减阻效果得到了很好的保持,这表明,在外形优化中,最后一级采用 600 万 L1 级网格是合适的。

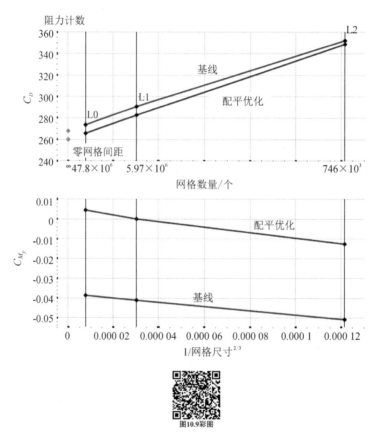

图 10.9　不同级别网格优化结果对比情况

图 10.10 比较了配平优化机翼与基线几何布局的压力分布情况,其中基线几何布局通过旋转尾翼来配平。由图可以看到,优化布局的阻力减小,甚至比调整基线更好:减小了 12.1 个阻力计数(4.1%)。同时还计算了经过配平的优化布局的 $-\partial C_M/\partial C_L = 36.52\%$,略高于 30%的基线值。

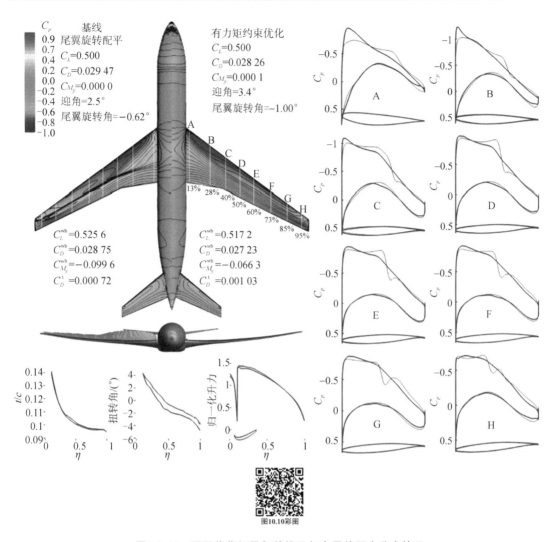

图 10.10　配平优化机翼与基线几何布局的压力分布情况

10.5　案例 3：基于代理模型配平阻力惩罚的机翼优化

本案例的优化目标是研究在没有水平尾翼的情况下优化翼–身结构的气动外形,同时使用与无尾翼俯仰力矩成比例的配平阻力进行惩罚。此外,还构建了在这种布局下,相对于翼身俯仰力矩配平阻力变化的代理模型。

在固定升力系数$(C_L = 0.5)$下,对一系列尾翼旋转角进行 CFD 计算,构建了配平阻力惩罚代理模型。分别分析了作用在机翼、机身和尾翼上的力,确定在一定俯仰力矩下,尾翼需要多大阻力和升力来配平翼身。通过求解尾翼旋转范围为$-10°\sim10°$的流场特性,使用一维 B 样条插值方法建立了升力和阻力随弯矩变化的关系,如图 10.11 所示。尾翼上的阻力、升力和俯仰力矩都是根据整个翼–体–尾构型飞机参考区域来计算的,以使每个部件上的力值一致且可比较。在下面的讨论和图中,将翼–体–尾整体构型上产生的力矩记为$C_{M_y}^{\mathrm{wbt}}$,将翼–体构型上

产生的力矩记为 $C_{M_y}^{wb}$,将尾产生的力矩记为 $C_{M_y}^{t}$。对阻力系数和升力系数使用相同的上标约定。利用上面描述的一维 B 样条插值,建立配平阻力惩罚代理模型。该模型使用尾翼上产生的力矩来估计尾翼上的阻力和升力,可表示为

$$
\left.
\begin{aligned}
C_D^{t} &= f_{C_D}(C_{M_y}^{t}) \\
C_L^{t} &= f_{C_L}(C_{M_y}^{t})
\end{aligned}
\right\} \tag{10.1}
$$

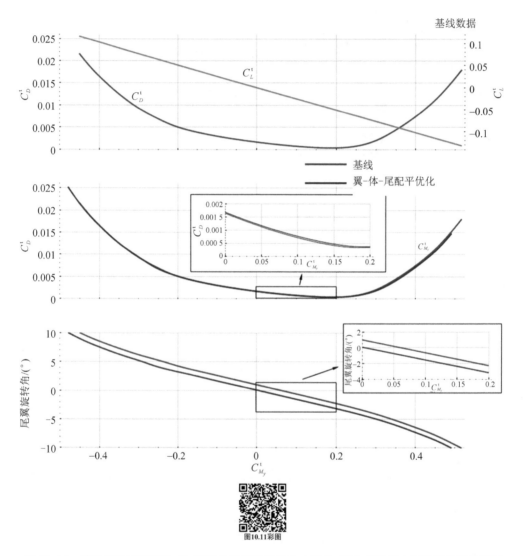

图 10.11　基线布局和配平翼-体-尾优化布局的尾翼升力系数、阻力系数随力矩系数的变化情况

从图 10.11 可以看出,尾翼产生的俯仰力矩与尾翼升力呈线性变化,而与尾翼阻力呈非线性变化。特别是在 $C_{M_y}=[0,0.2]$ 区间上,随着尾翼俯仰力矩的增大,尾翼阻力减小,尾翼阻力的最小值大约在 $C_{M_y}=0.2$ 处。此外,由于尾翼处于机翼的下洗状态,为了研究这种配平惩罚关系是否对优化后机翼升力分布的变化敏感,对案例 2 的配平优化布局计算了配平惩罚数据,并将其与基线几何进行了比较,结果表明,这两种设计的配平阻力惩罚在 $C_{M_y}=[0,0.2]$ 区间上有很好的匹配结果,翼-体结构在巡航条件下的 C_{M_y} 值通常处于该范围内,而阻力差约

为 1 个阻力计数,因此得出结论:即使设计因优化而改变,也是一个合理的代理模型。

图 10.11 还绘制了尾翼旋转角与尾翼俯仰力矩的关系。优化布局的旋转角相对于基线向下移动,差值约为 1°。在案例 2 中,已经确定优化布局的巡航迎角为 3.4°,比基线高 1°。这种尾翼旋转角的差值也是合理的,因为尾翼的实际迎角应该是飞机的迎角与其旋转角的总和。

利用配平翼-体结构所需俯仰力矩的修正阻力损失代理模型,可以对没有尾翼的翼身进行优化,同时可用该模型计算阻力损失。对于整个翼-体-尾结构,优化问题为

$$
\left.
\begin{array}{ll}
\min & C_D^{wbt} \\
\text{s. t.} & C_L^{wbt} = 0.5 \\
& C_{M_y}^{wbt} = 0
\end{array}
\right\} \tag{10.2}
$$

当使用估算尾翼阻力和升力的代理模型对翼-体结构进行优化时,优化问题变为

$$
\left.
\begin{array}{ll}
\min & C_D^{wb} + C_D^{t} \\
\text{s. t.} & C_L^{wbt} + C_L^{t} = 0.5 \\
& C_{M_y}^{wbt} + C_{M_y}^{t} = 0
\end{array}
\right\} \tag{10.3}
$$

式中,$C_D^{t} = f_{C_D}(C_{M_y}^{t})$,$C_L^{t} = f_{C_L}(C_{M_y}^{t})$。在此优化中,翼-体-尾网格采用空心尾块,并尽可能保持网格拓扑结构相同,以便于比较。图 10.12 显示了机身尾部附近有和没有尾翼的网格对比。

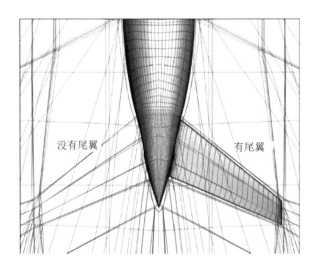

图 10.12　有和没有尾翼的网格对比

在使用配平阻力代理模型优化没有尾翼的翼-体布局时,需要把尾翼重新加上去并配平它。由于无法使用机翼优化后估计的尾翼旋转角,因此,需在尾翼旋转的目标 $C_L = 0.5$ 处解决该问题,得到一组与优化后的翼-体几何相对应的新数据。为了比较总阻力的差异,重新计算了新问题的配平惩罚数据。在图 10.13 中可以看到,阻力损失不同于基线布局和配平优化后的翼-体-尾布局(案例 2)。在 $C_{M_y} = [0.05, 0.20]$ 范围内,优化后的翼-体-尾结构的阻力实际上高于案例 1 和案例 2 的两种构型,在 $C_{M_y} = [0.00, 0.05]$ 范围内,尾翼旋转角曲线近似位于该两种构型的中间位置。

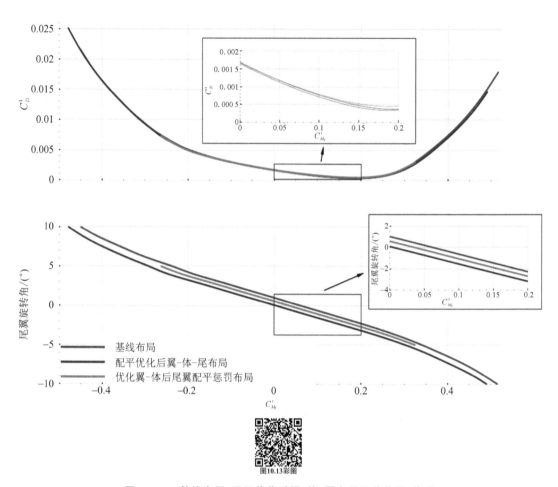

图 10.13　基线布局、配平优化后翼-体-尾布局及优化翼-体后
尾翼配平惩罚布局的阻力系数、尾翼旋转角对比

10.6　案例 4：预先设定升力和力矩约束的机翼优化

本章还研究了是否可以通过优化没有尾翼的翼-体结构，以及给定升力和俯仰力矩的约束值来实现更低的阻力。为此，对没有尾翼的翼-体结构进行了优化。C_L 是配平翼-体-尾基线的翼-体组件固定值，$C_L = 0.525\ 6$，$C_{M_y} = -0.099\ 6$，这些是配平翼-体-尾基线的翼-体分量的系数值。图 10.14 显示了这种优化（案例 4）与带有尾翼配平约束优化布局（案例 2）的比较。通过比较表明，案例 2 仍然具有较低的阻力值；与添加尾翼进行微调后，并考虑了新的升力和俯仰力矩约束的优化翼-体结构相比，其阻力值降低了 1.4 个左右阻力计数。

此外，还可以得出如下结论：对于单点气动外形优化，其最小阻力是通过配平约束翼-体-尾优化实现的，其中尾翼旋转与机翼形状同时优化。在没有尾翼的情况下，通过估算尾翼阻力损失或固定升力和力矩系数约束进行优化，也可以实现低阻力，但这比最佳阻力值高了 1～3 个阻力计数。

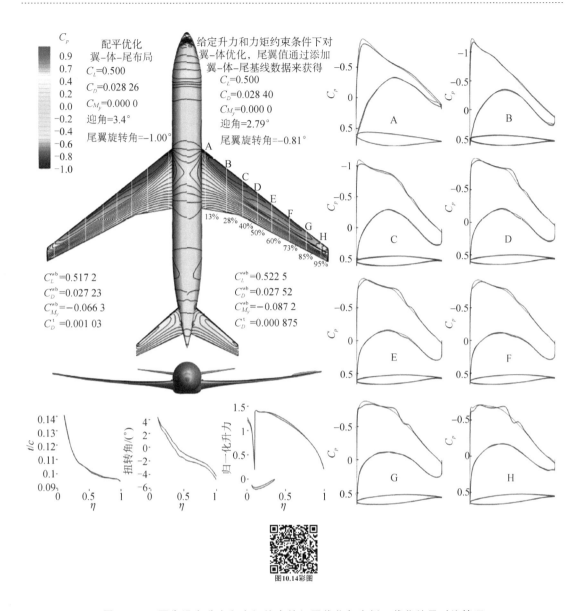

图 10.14　预先设定升力和力矩约束的机翼优化与案例 2 优化结果对比情况

10.7　案例 5：无力矩约束的翼-尾优化

为了量化同时优化机翼和水平尾翼外形所能获得的收益,本节进行包含机翼和尾翼外形变量的单点气动形状优化。设计变量总个数为 $816+144=960$。在这种情况下,未将尾翼旋转角作为设计变量,因此不强制执行配平约束。

图 10.15 显示了机翼和尾翼外形优化后的布局(案例 5)与单独机翼外形优化后的布局(案例 1)的比较。两种情况都没有配平。在本案例中,优化器通过使尾翼的升力为正来减小

机翼上的升力。这两种情况之间的阻力差值在 1 个阻力计数内,与基线和机翼优化布局之间的降幅相比,这是相对较小的。

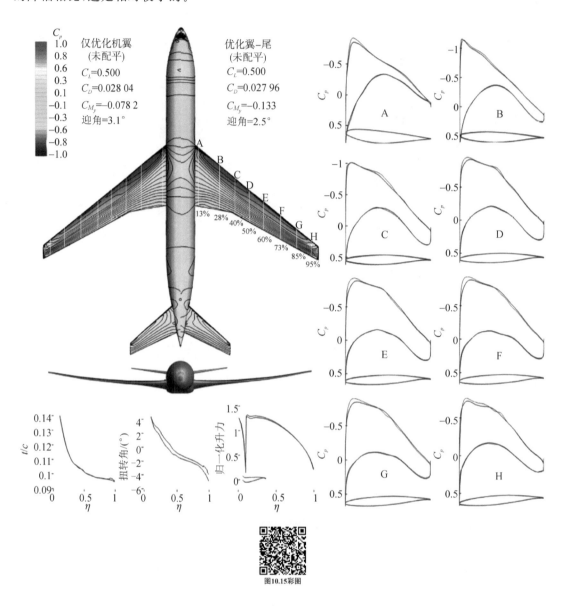

图 10.15　机翼和尾翼外形优化后的布局(案例 5)与单独机翼外形优化后的布局(案例 1)的比较情况

本案例的力矩系数值 $C_{M_y} = -0.133$,其绝对值远高于案例 1 的值($C_{M_y} = -0.078$)。图 10.16 显示了两种布局的尾翼形状和压力系数分布的对比。优化器通过在尾翼内侧增加载荷来改变升力,同时在尾翼外侧部分保持类似的压力分布。

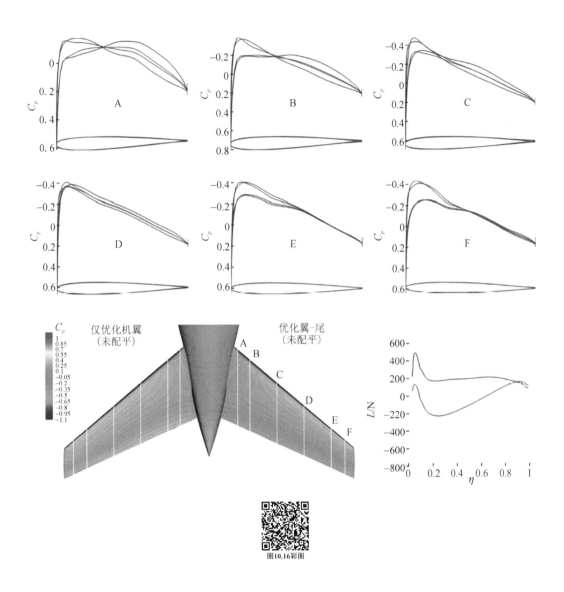

图 10.16　两种布局的尾翼形状和压力系数分布的对比

10.8　案例6：带配平约束的翼-尾优化

在最后的案例中增加了水平尾翼外形变量,同时优化了翼型和尾翼外形,希望进一步提高全配平布局的气动效率。

图 10.17 显示了配平约束机翼和尾翼外形优化(案例6)与配平约束机翼外形优化(案例2)的对比。在这种情况下,阻力减小甚至比以前更少:阻力值大约为 0.3 个阻力计数。

从图 10.18 可以看出,优化器并没有明显改变尾翼上的压力分布,因此尾翼上的升力分布变化不大。对于优化后的布局,$-\partial C_M/\partial C_L = 35.74\%$,接近于尾部没有外形设计变量时的值,高于基线值(30%)。

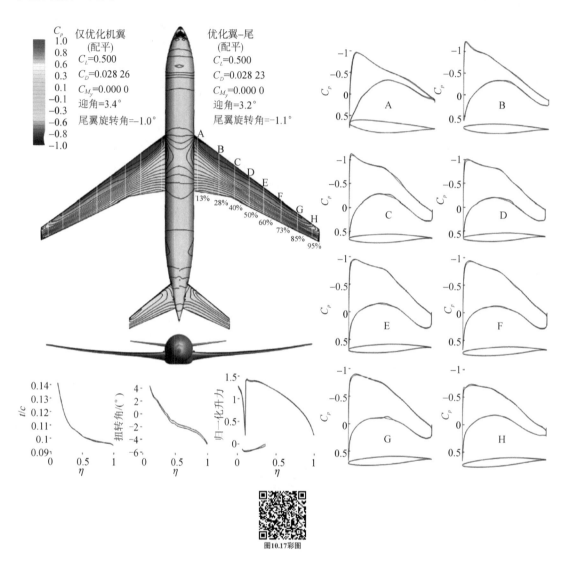

图 10.17 配平约束机翼和尾翼外形优化(案例 6)与
配平约束机翼外形优化(案例 2)的对比情况

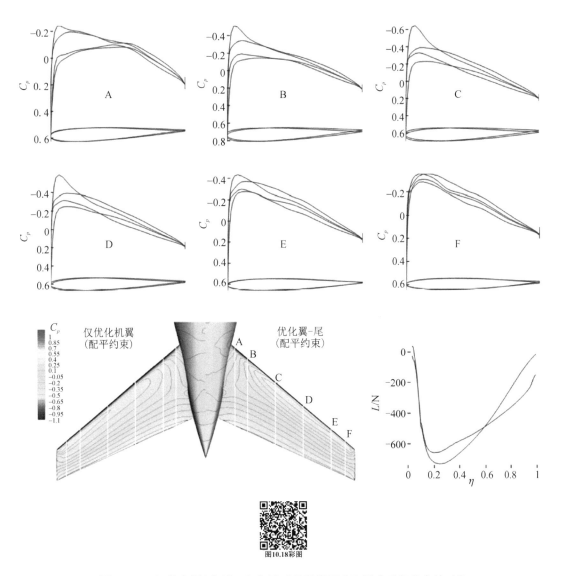

图 10.18　两种布局(案例 6 和案例 2)的尾翼形状和压力系数分布的对比

参考文献

［1］ Lyu Z, Kenway G K, Martins J R R A. Aerodynamic Shape Optimization Studies on the Common Research Model Wing Benchmark[J]. AIAA Journal, 2015, 53(4):968-985.

［2］ Lyu Z, Martins J R R A. Aerodynamic Design Optimization Studies of a Blended-wing-body Aircraft[J]. Journal of Aircraft, 2014, 51(5):1604-1617.

［3］ Lyu Z, Kenway G K, Paige C, et al. Automatic Differentiation Adjoint of the Reynolds-averaged Navier-Stokes Equations with a Turbulence Model[C]//AIAA. 21st AIAA Computational Fluid Dynamics Conference. San Diego, CA: AIAA, 2013.

[4] Liem R，Kenway G K W，Martins J R R A. Multimission Aircraft Fuel Burn Minimization via Multipoint Aerostructural Optimization[J]. AIAA Journal，2015，53(1)：104-122.

[5] Kenway G K W，Martins J R R A. Multipoint High-fidelity Aerostructural Optimization of a Transport Aircraft Configuration[J]. Journal of Aircraft，2014，51(1)：144-160.

[6] Cliff S E，Reuther J J，Saunders D A，et al. Single-point and Multipoint Aerodynamic Shape Optimization of High-speed Civil Transport[J]. Journal of Aircraft，2001，38(6)：997-1005.

[7] Kenway G K，Kennedy G J，Martins J R R A. A CAD-free Approach to High-fidelity Aerostructural Optimization[C]//AIAA. Proceedings of the 13th AIAA/ISSMO Multidisciplinary Analysis Optimization Conference. Fort Worth，TX：AIAA，2010：1-18.

第 11 章 基于代理模型的飞翼布局飞机气动优化

对一般飞机而言,其巡航状态下的气动阻力主要包含两部分:零升阻力和诱导阻力。零升阻力大部分来自飞机蒙皮的摩擦阻力,一小部分来自由粘性分离引起的压差阻力。对于一定类别的飞机而言,压差阻力与摩擦阻力之间的比值是一定的,而这两者之比又与飞机浸润面积近似呈线性比例关系。本章以某一飞翼布局飞机为代表,在平面布局几何关系一定的情况下,其浸润面积主要随翼型的最大厚度而变化。因此,在飞机平面布局不变、翼型厚度不变的前提下改变翼型弯度对飞机巡航状态零升阻力的影响是相当有限的。

飞机的诱导阻力是伴随升力而产生的,本章假定飞机巡航状态下的升力特性完全由展向截面的弯度决定。基于以上原因,本章中的气动优化主要面向飞机巡航状态下的诱导阻力缩减。

11.1 气动参数化模型的建立

由于在设计过程中飞机气动平面布局参数已在早前工作中给出[1],因此气动设计优化过程主要面向展向截面设计。优化设计的第一步工作是对设计对象进行参数化建模。针对飞翼布局飞机自身的特点和设计过程中的软件要求,采用基于 CATIA 软件的飞机平面布局参数化建模方法。

11.1.1 翼型截面的参数化建模

由于升力沿机翼的展向分布对飞机诱导阻力的大小起主要作用,而飞机的平面布局已经确定,因此需要进行优化的参数只有机翼沿展向的气动和几何扭转。几何扭转概念相对简单,而对气动扭转而言,其本质是通过调整不同展向截面的翼型来改变展向不同截面的零升迎角,通过改变升力沿展向的分布来影响飞机的诱导阻力。

在传统飞机设计过程中,通常采用离散点坐标方式对翼型的几何外形进行描述,但这种方法对机翼气动优化的可用性较差。该方法需要依靠大量坐标对翼型进行描述,这样,一方面会造成优化变量的急剧增加而影响计算时间,另一方面在优化过程中会难以保证得到光顺的翼型表面。因此,在飞机翼型的优化过程中通常需要采用参数化的翼型几何外形描述方法,以便在尽可能减少设计变量的同时得到光顺的翼型表面曲线。利用某种数学函数以较少的几个参数对翼型曲线的走势进行控制是目前较为通行的翼型参数化方法,根据其构建方式,算法可以分为以下两大类:

① 描述型参数化方法:通过包括若干待定参数的数学方程对翼型曲线进行拟合,通过调整参数来改变翼型曲线。该类方法通常不需要初始翼型,在确定所有待定参数的大小后可直接通过方程得到翼型曲线。描述型参数化方法中比较有代表性的方法包括:Sobieczky 提出的PARSEC 方法[2],Kulfan 提出的 CST 方法[3],以及基于 B 样条或贝塞尔曲线的翼型描述法[4]

和基于正交多项式的参数化方法等[5]。

② 几何变换型参数化方法:通过对现有翼型进行变换而得到新的翼型。几何变换型参数化方法中具有代表性的方法包括:通过在原有翼型上叠加扰动函数的 Hicks-Henne 方法[6] 和利用计算机图形学理论进行图形快速变换的 FFD 方法等。

由于几何变换型参数化方法需要基准翼型,因此其适用性相对不够广泛。现有的描述性参数化方法或多或少存在数值稳定性不佳的问题,在某些参数组合下可能使翼型表面出现很不自然的波浪线——虽然这些非正常的翼型会在优化过程中因气动性能不佳而被淘汰,但其存在的本身仍将消耗优化过程中的计算时间。此外,现有绝大多数的翼型参数化方法均将翼型分为上下两部分进行参数化。如果从低速三维机翼考虑,其小迎角下的升力特性完全由翼型弯度分布决定。在分别优化设计机翼上下表面而得到最佳弯度分布的过程中明显加入了不必要的厚度因素,从而造成优化设计过程中变量的非必要性增加。

在本章的研究中,气动优化只针对机翼的中弧面而与厚度无关,因此在翼型参数化方面将翼型拆分为弯度曲线和厚度曲线两个部分。通过仅对弯度曲线进行优化而保持厚度曲线不变,来保证优化后的气动外形尽可能不影响前期的总体布置和结构传力设计方案。本小节采用非均匀有理 B 样条曲线[7] 对弯度曲线进行参数化设计,通过 4 个参数变量对曲线进行控制(见图 11.1),各参数的具体含义如下:

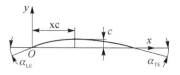

图 11.1 翼型弯度曲线参数化中的各变量参数

- α_{LE}:中弧线前缘点处的切线与翼弦的夹角,图 11.1 中的夹角方向为正。
- α_{TE}:中弧线后缘点处的切线与翼弦的夹角,图 11.1 中的夹角方向为负。
- xc:最大弯度在翼弦处的位置。
- c:中弧线的最大相对弯度。

为了验证该翼型弯度参数化方法的有效性,选取了几种具有代表性的翼型进行拟合,其中包括标准 NACA 翼型"NACA 2412"(见图 11.2),带有后缘上翘特征的 S 翼型"CJ 4"(见图 11.3),大弯度翼型"GOE 447"(见图 11.4),以及后缘加载翼型"RAE 2822"(见图 11.5)。图中中弧线上的"*"为原翼型弯度线数据点,完整弯度连线为拟合曲线。

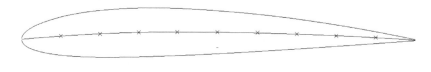

图 11.2 NACA 2412 翼型拟合结果

图 11.3 CJ 4 翼型拟合结果

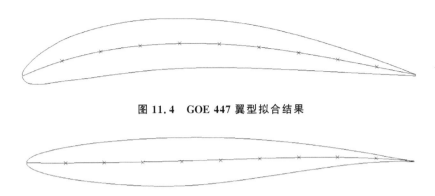

图 11.4　GOE 447 翼型拟合结果

图 11.5　RAE 2822 翼型拟合结果

11.1.2　全机中弧面参数化生成方法

为了在优化过程中实现机翼中弧面在不同翼型之间的连续过渡，本小节在研究过程中采用了基于 CATIA 软件的参数化模型生成方法。根据具体的设计问题，并考虑优化过程中曲面连续过渡的要求，在展向位置共设置 5 个控制截面翼型（见图 11.6），其中内段、中段和外段截面为主控制翼型截面，每个翼面均由 11.1.1 小节中所述的 4 个变量 c、xc、α_{LE} 和 α_{TE} 对翼型弯度曲线进行参数化描述。为了调整两个主控制截面之间的过渡曲面形状，在其中间增设了混合翼型截面。每个混合翼型截面的中弧面参数仅由一个独立参数——外形相似比例系数 k（$k \in (0,1)$）来控制。当 $k<0.5$ 时，混合翼型更加接近内段翼型，反之则更接近外段翼型。混合翼型的参数化描述方法与标准翼型截面相同，即

$$\begin{cases} c = kc_{\mathrm{in}} + (1-k)c_{\mathrm{out}} \\ \mathrm{xc} = k\,\mathrm{xc}_{\mathrm{in}} + (1-k)\,\mathrm{xc}_{\mathrm{out}} \\ \alpha_{\mathrm{LE}} = k\alpha_{\mathrm{LE,in}} + (1-k)\alpha_{\mathrm{LE,out}} \\ \alpha_{\mathrm{TE}} = k\alpha_{\mathrm{TE,in}} + (1-k)\alpha_{\mathrm{TE,out}} \end{cases} \tag{11.1}$$

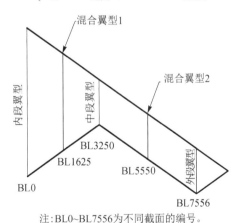

混合翼型1
混合翼型2
内段翼型
中段翼型
外段翼型
BL0
BL1625
BL3250
BL5550
BL7556
注:BL0~BL7556为不同截面的编号。

图 11.6　展向位置控制截面分布

本方案中，沿展向的扭转角定义为：某截面弦线过其前缘点且平行于 y 轴直线进行偏转的角度。全机扭转角分为三段定义：机身中央截面扭转角定义为 0，中段翼型所在截面的扭转

角定义为第一扭转角,外段翼型所在截面的扭转角定义为第二扭转角。扭转角在两截面之间采用线性过渡。

本方案中,弧面曲面沿 zx 平面左右对称,每侧曲面分为内段、外段和翼尖三个部分。为使曲面沿展向光顺过渡,其在 CATIA 环境下的具体生成方法是:由多截面曲面工具使用中弧线 AB、CD、EF 作为控制截面,前缘线 ACE、后缘线 BDF 作为引导线生成内段曲面;由中弧线 EF、GH、IJ 作为控制截面,前缘线 EGI、后缘线 FHJ 作为引导线生成外段曲面。利用曲面填充方法连接翼尖前缘线 IK 和后缘线 KJ 生成外段机翼的外侧弦线 JI(即中弧线 IJ),如图 11.7 所示。

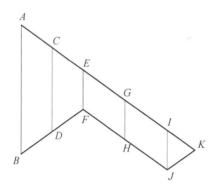

图 11.7　方案中的曲面拓扑结构示意

最终生成的曲面效果如图 11.8 所示。

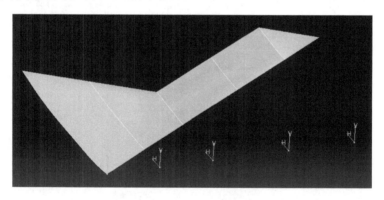

图 11.8　机翼中弧面曲面图

11.1.3　CATIA 参数化模型接口设计

为了实现基于参数的 CATIA 曲面的生成并将曲面导出至 VLM 软件[1],本小节采用 CATIA 二次开发方法进行不同软件与 CATIA 软件之间的接口开发。

编程访问 CATIA 环境主要包括两种方法:进程内访问和进程外访问。进程内访问指脚本和 CATIA 软件在同一进程内运行,也就是由 CATIA 脚本引擎来解析执行宏脚本命令。进程外访问指脚本运行不由 CATIA 软件来调用,而是将 CATIA 软件作为一个 OLE(Object Linking and Embedding)自动化服务器,外部程序通过 COM 接口来访问 CATIA 软件的内部对象。

　　CATIA 软件接口主要实现两个功能：①从指定输入文件中读取几何参数变量，并将其导入 CATIA 环境；②控制 CATIA 根据新输入的参数完成曲面更新，并将每个截面的几何坐标点导出为指定的文件格式。本小节选取 VB 作为程序编写环境，为了实现程序与 CATIA 软件之间的交互操作，需在代码中进行如下布局：

　　① 当 CATIA 已经运行时，需要使用 GetObject 方法连接至 CATIA，代码如下：

```
Dim CATIA as Object
Set CATIA = GetObject("CATIA.Application")
```

　　② 若 CATIA 没有运行，则首先需用 CreatObject 方法来启动 CATIA，代码如下：

```
Dim CATIA as Object
Set CATIA = CreatObject("CATIA.Application")
```

　　为了方便二次开发的程序进行修改访问，本章在 CATIA 建模过程中对需要修改的变量均以独立参数进行定义。各变量在 CATIA 环境下的特征树如图 11.9 所示。若需对某个变量进行修改，则需依次从对象 CATIA 下逐级调用其子对象，最终对某一指定对象进行访问。以修改参数"内段上反"为例，若需使用变量 X 对其赋值，则应采用以下代码：

```
Dim partDocument1 As PartDocument
Set partDocument1 = CATIA.ActiveDocument

Dim part1 As Part
Set part1 = partDocument1.Part

Dim parameters1 As Parameters
Set parameters1 = part1.Parameters

Set realParam1 = parameters1.Item("内段上反")
realParam1.Value = X
```

　　CATIA 与 VLM 软件之间通过坐标点进行数据传递。由于 CATIA 环境下需要导出的坐标点已经在建模过程中生成完毕，因此仅需读取其三维坐标并写入接口文件中即可。几何点在二次开发过程中与之前的参数类似，也是 CATIA 对象的子对象。将 CATIA 几何图形集"ELEM-1"中命名为"1-0-0"的几何点（见图 11.10）的坐标读取至变量数组 XYZ 中所需的代码如下：

```
Dim partDocument1 As PartDocument
Set partDocument1 = CATIA.ActiveDocument

Dim part1 As Part
Set part1 = partDocument1.Part

Dim hybridBodies1 As HybridBodies
Set hybridBodies1 = part1.HybridBodies

Dim hybridBody1 As HybridBody
```

```
Set hybridBody1 = hybridBodies1.Item("ELEM-1")

Dim hybridShapes1 As HybridShapes
Set hybridShapes1 = hybridBody1.HybridShapes

Dim xPT As Object
Set xPT = hybridShapes1.Item("1-0-0")

DimXYZ(2) as Double
xPT.GetCoordinates XYZ
```

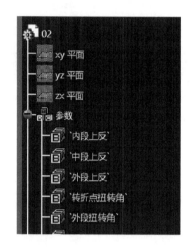

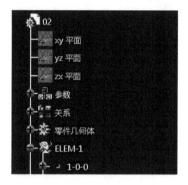

图 11.9　设计参数在 CATIA 特征树下的表示　　图 11.10　目标几何坐标点在 CATIA 特征树中的位置

11.2　气动优化方法框架的构成

11.2.1　气动优化方法总体构架思路

由于研究对象的平面布局在前期是由多个学科之间相互协调来决定的,因此气动优化过程中的优化变量均集中在飞机延展向的翼型截面方面。对于一般的机翼气动优化问题而言,其主要内容是通过优化飞机延展向的翼型和扭转分布,来尽可能减小飞机巡航状态下的诱导阻力,以实现气动效率达到最优。然而,对于本章所涉及的飞翼布局飞机优化过程,则可以考虑更多的因素。

对于飞翼布局飞机而言,纵向配平因素的重要性从某些方面来说甚于对气动外形的减阻需求。由于飞翼布局飞机的俯仰操纵主要依赖机翼后缘的升降副翼,其操纵力臂远小于常规布局飞机位于尾翼后缘的升降舵,由此造成飞翼布局飞机通常存在俯仰配平能力较弱的问题。因此,飞翼布局飞机在进行展向截面气动优化时,必须将俯仰配平条件纳入考虑范畴,以保证飞机在设计状态下能够实现俯仰方向的舵面无偏转自配平。

失速迎角约束和气动计算模型自身要求的约束也是优化过程中必须考虑的要素。飞机在巡航阶段的迎角必须与失速迎角之间留有足够的余量,以保证飞机能够有足够的储备升力系数来完成机动动作,一般飞机在巡航状态下的迎角不会超过 10°。从气动计算模型角度考虑,VLM 软件的计算结果在 10°迎角以下时准确度较高。因此,需要将配平迎角约束纳入优化过程中予以考虑。

巡航状态设计点选取为 13 000 m 巡航高度、180 m/s 巡航速度和 0.3 的升力系数。将升力系数条件与以上其他要求纳入优化过程,最终确定气动优化问题的相关优化三要素如下:

① 目标函数:诱导阻力系数最小。

② 设计变量:三段主控制翼型截面的弯度参数(每段包括变量 c、xc、α_{LE} 和 α_{TE}),两个混合翼型截面的相似比例系数 k,中段翼型截面和外段翼型截面的扭转角 t,以上共计 16 个变量,各变量的取值范围如表 11.1 所列。

表 11.1 气动优化设计变量取值范围

变量名	最小值	最大值
c_1	-0.03	0.03
c_2	-0.03	0.03
c_3	-0.05	0.05
$\alpha_{\text{LE},1}$	-10	10
$\alpha_{\text{LE},2}$	-15	15
$\alpha_{\text{LE},3}$	-20	20
$\alpha_{\text{TE},1}$	-10	10
$\alpha_{\text{TE},2}$	-10	10
$\alpha_{\text{TE},3}$	-10	10
xc_1	0.2	0.8
xc_2	0.2	0.8
xc_3	0.2	0.8
k_1	0.2	0.8
k_2	0.2	0.8
t_1	-15	15
t_2	-15	15

③ 约束条件:设计点的俯仰力矩系数为 $-0.000\,5 < C_m < 0.000\,5$,设计点对应的迎角不大于 8°。

11.2.2 构建气动优化框架流程

飞行器设计本身具有的多解性特点以及前期的探索性试验计算过程均表明,飞机气动优化空间存在明显的多峰性特征,而简单依靠基于梯度的优化算法将极易造成优化结果陷入局部最优解中。与此相对,虽然使用全局性优化算法的搜索范围不易受到局部最优解的制约,但其优化过程所需的计算量远远大于常规梯度方法。此外,以遗传算法为代表的全局性优化算法的优化结果还存在一定的随机性,优化的最终结果与初始状态和优化过程中的随机扰动存在一定的联系。鉴于以上考虑,为了尽可能获得整个设计空间的全局最优解并兼顾计算效率,本小节采用了两个核心流程进行气动优化设计。

(1) 实验设计流程

使用优化拉丁方方法从设计空间内抽取 6 000 个点参与气动性能计算,以此实现两方面目的:第一方面是从全局角度分析各参数对气动性能的影响,并通过数据对设计优化的效果进行初步预估。第二方面是向后续代理模型提供采样数据点,以支撑全局代理模型的构建。实验设计流程框图如图11.11所示。关于实验设计方法及代理模型构建的基本概念及理论不是本书重点讲解的内容,读者可参考相关学术论文。

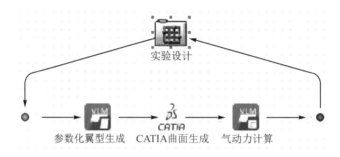

图11.11　实验设计流程框图

（2）设计优化流程

设计优化流程包含前后连续的前半和后半两个组成部分,如图11.12所示。前半部分利用径向基(RBF)神经网络代理模型作为气动学科求解器,通过多岛遗传算法(MIGA)进行全局寻优。考虑到用多岛遗传算法得到的最优解可能与实际最优解之间存在一定差距,且代理模型本身也存在一定误差,因此前半部分优化计算所获得的结果很可能是距离真实最优解很近的一个近似解。

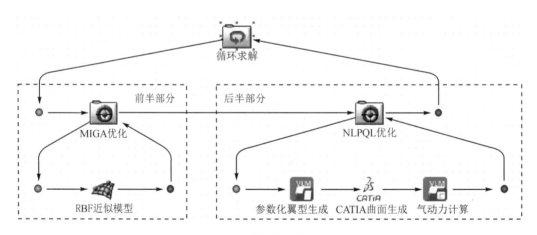

图11.12　设计优化流程框图

后半部分以该近似解为起点,使用基于梯度计算的序列二次规划算法(NLPQL)进一步精确优化求解。由于序列二次规划算法的计算量较小,因而可采用精度较高的VLM求解器直接进行气动力计算,以此通过后半部分求出前半部分结果所在单调区间内的最优值。

同时需要指出的是,在多岛遗传算法的随机性特点和气动优化设计空间的多峰性特征的共同影响下,每轮优化后得出的结果很可能不太相同。为了进一步拓展寻优范围,本优化过程中在前半部分与后半部分之上再添加一轮循环流程(见图11.12),通过50次循环取其中最优解作为整个优化过程的结果。

11.3　飞翼布局飞机气动优化方法

11.3.1　实验设计结果分析与代理模型验证

通过优化拉丁方方法在设计空间内抽样计算得到 6 000 个样本点,利用 VLM 软件计算获得各样本点的相关气动参数并绘制直方图,包括设计点对应迎角(见图 11.13)、设计点对应俯仰力矩系数(见图 11.14)、设计点对应诱导阻力系数(见图 11.15)、样本点升力线斜率(见图 11.16)和样本点零升迎角(见图 11.17)共 5 组数据。

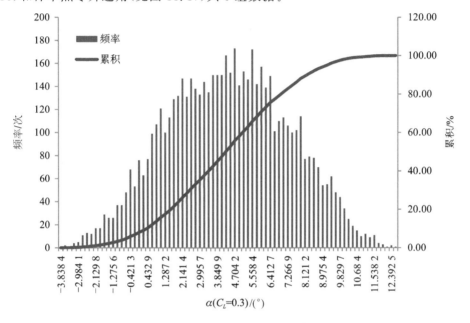

图 11.13　设计点对应迎角分布图

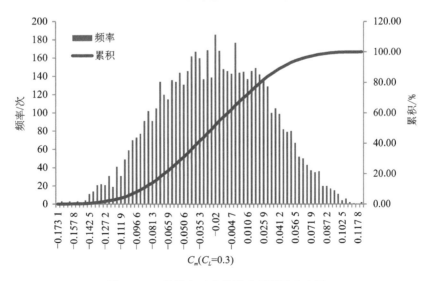

图 11.14　设计点对应俯仰力矩系数分布图

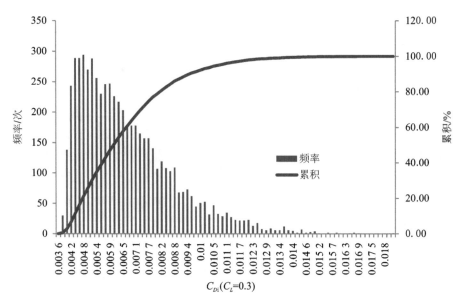

图 11.15 设计点对应诱导阻力系数分布图

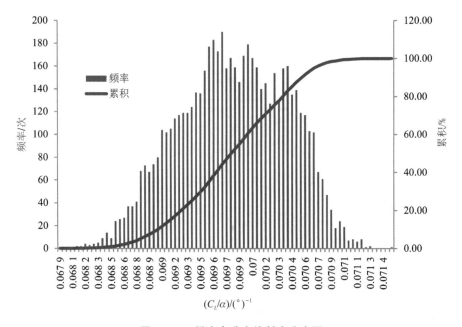

图 11.16 样本点升力线斜率分布图

从实验设计结果的统计直方图上看,除了诱导阻力系数呈左高右低分布外,其他 4 个参数均为中心高于两侧的分布形式。以直方图中累积百分率 $50\% \pm 40\%$ 作为边界,可发现方案中整个设计空间的主要气动参数为:设计点对应迎角范围为 $0.4° \sim 8.3°$,设计点对应俯仰力矩系数范围为 $-0.089 \sim 0.045$,设计点对应诱导阻力系数范围为 $0.004\ 4 \sim 0.009\ 6$,样本点升力线斜率范围为 $0.069/(°) \sim 0.071/(°)$,样本点零升迎角范围为 $-3.9° \sim 4.0°$。

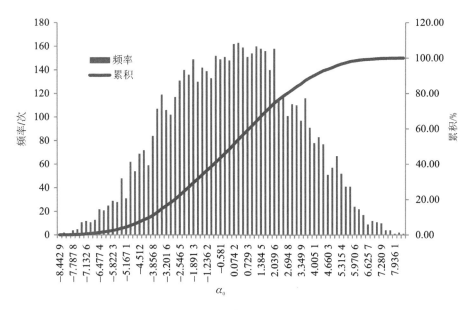

图 11.17　样本点零升迎角分布图

尽管暂未考虑气动参数之间的耦合关系,但由以上数据仍可近似判断得到以下结论:

① 通过合理布置展向截面弯度分布和扭转角,应能够在 8°迎角以内满足飞机的自配平要求;

② 将优化方案的诱导阻力系数暂定为 0.004 0 左右应是比较合理的设计预期;

③ 改变展向截面弯度分布对升力而言,其主要效果是改变零升迎角,而升力线斜率与展向截面弯度分布基本无关。

为了提高后续优化过程中的计算速度,以本实验设计所获得的 6 000 个样本点为基础,采用 RBF 神经网络算法生成代理模型。为了对该代理模型的精度进行校验,再次利用优化拉丁方方法在设计空间内选取 50 个点作为样本点代入代理模型中,并将代理模型的计算结果与 VLM 软件的计算结果进行对比。设计点对应迎角、设计点对应俯仰力矩系数、设计点对应诱导阻力系数的拟合值与计算值的相对误差如表 11.2 所列。

表 11.2　设计点对应气动参数拟合值与计算值的相对误差表

变　量	平均相对误差	最大相对误差	误差平方根	R^2
C_{Di}	0.018 49	0.113 53	0.028 2	0.987 14
C_m	0.007 22	0.033 25	0.009 88	0.998 15
α	0.004 14	0.021 58	0.006 01	0.999 34

从表 11.2 中的参数可以看到,采用 RBF 神经网络代理模型能够获得较高的拟合精度,三个输出变量中误差最大的是 C_{Di},其最大相对误差基本能保证在 12% 之内,平均相对误差不超过 2%。而另外两个变量的最大相对误差基本保持在 4% 以内。

11.3.2 气动优化结果及分析

通过自动运行 50 次设计优化流程,获得的最终优化结果见附录中的附表 2～附表 4。由于优化变量较多,因此将结果拆分为三个表格来表示,同一序号对应相同的设计点。表中根据优化结果的诱导阻力系数的大小对数据进行了排序。对于一小部分优化结果存在俯仰力矩系数超出约束边界的情况,表中将这部分数据以灰色底纹突出显示。通过阅读优化结果表,可以发现两个特别的问题:①一部分优化结果仍不满足约束条件;②50 次优化结果中没有一个是重复的结果。

对于第①个问题,经过对优化过程中的数据进行检查,发现这是因代理模型存在的误差所致。尽管从验算角度而言,RBF 神经网络对设计空间的拟合效果很好,但相对而言 50 个点的数量还是比较有限。在实际优化计算过程中,从完成第一轮 MIGA 优化过程向其后的 NLPQL 优化过程导入数据的情况可以看到,一部分设计状态下的代理模型与气动精确求解模型之间还是存在较大误差。该部分误差导致原本在 MIGA 优化过程中用代理模型计算得到的俯仰力矩系数与在 NLPQL 优化过程中用精确求解算法得到的俯仰力矩系数不符。与这种情况相对,当然也存在一部分代理模型拟合效果很好的区域,在设计变量导入 NLQPL 过程后迅速收敛,且在 NLPQL 过程优化至最优解后,反向检查其与 MIGA 过程得到的结果差异并不明显。

对于第②个问题,该现象反映出设计空间比较严重的非线性多峰特征。由于每一轮 MIGA 过程的优化结果存在一定的随机性,而 NLPQL 过程通常能够寻找到其初始点所在单调区域内的最优解,因此,50 次循环得到 50 个完全不同的优化结果,说明该设计空间内存在的峰值数量相当可观。从附表 2～附表 4 中可以看到,即使优化后的诱导阻力系数是十分相近的两个设计状态,其几何参数的差异有可能也是十分巨大的。

取 50 次循环内满足约束条件的最优点作为整个优化过程的结果,翼型厚度分布完全沿用原始翼型参数,优化前后不同展向控制截面的翼型对比如图 11.18～图 11.22 所示,其中上图为 xy 轴等比例曲线图,下图为 y 轴增大比例曲线图,以进一步检查翼型细节。最终优化后的飞机外形曲面如图 11.23 所示。

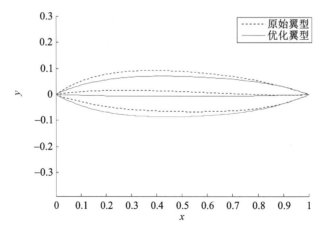

图 11.18 优化前后 BL0 截面翼型对比图

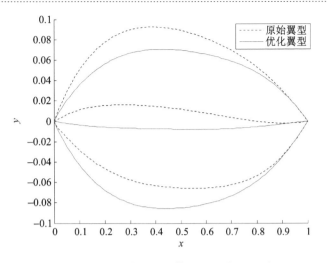

图 11.18　优化前后 BL0 截面翼型对比图(续)

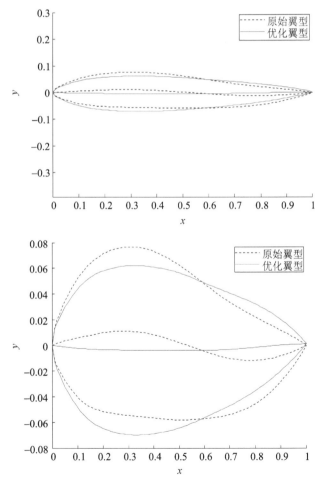

图 11.19　优化前后 BL1625 截面翼型对比图

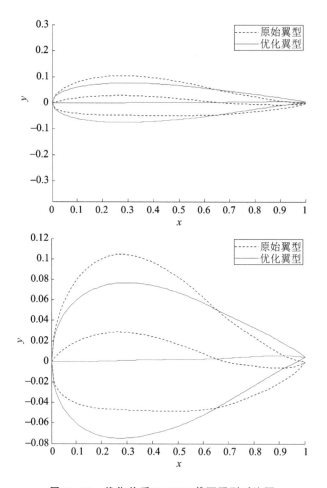

图 11.20　优化前后 BL3250 截面翼型对比图

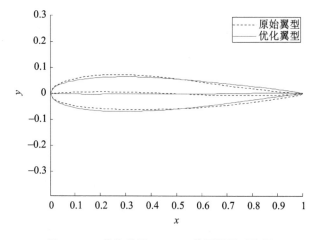

图 11.21　优化前后 BL5550 截面翼型对比图

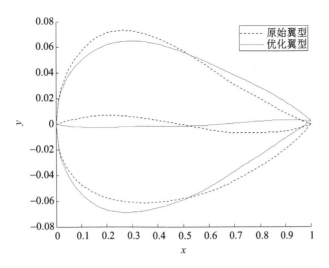

图 11.21　优化前后 BL5550 截面翼型对比图(续)

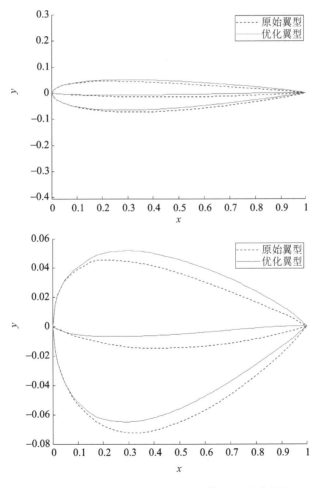

图 11.22　优化前后 BL7556 截面翼型对比图

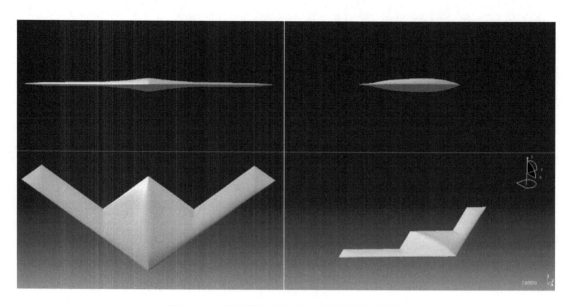

图 11.23　气动优化后的飞机外形曲面三面图

优化前后气动特性曲线对比如图 11.24～图 11.26 所示,由图可以看到,在升力曲线方面,优化对升力线斜率无影响,而零升迎角略微降低(见图 11.24);在诱导阻力方面,当迎角大于 2°后,优化方案中的诱导阻力系数全面低于初始方案(见图 11.25);在升阻比方面,当迎角大于 6°后,优化方案全面优于初始方案(见图 11.26)。

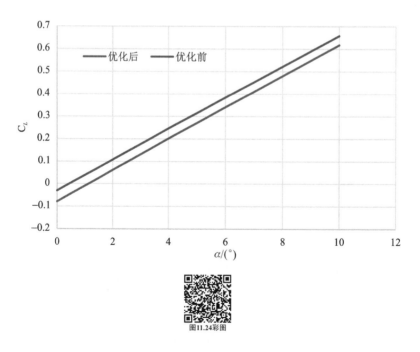

图11.24彩图

图 11.24　优化前后升力曲线对比

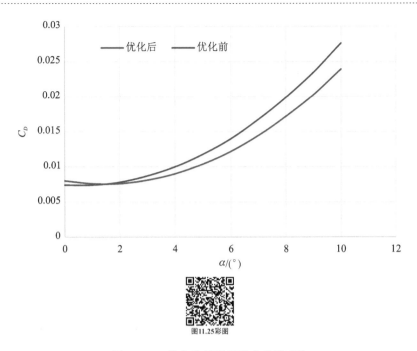

图 11.25　优化前后诱导阻力曲线对比

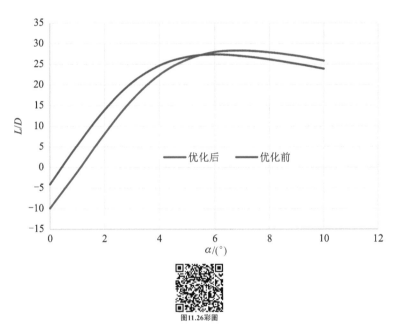

图 11.26　优化前后升阻比对比

　　设计点状态下,优化前后相应的气动参数对比如表 11.3 所列。从表中数据可以看到,优化后的飞机巡航迎角减小了 0.6°,诱导阻力系数下降了约 10%,俯仰力矩系数减小了一个数量级。由于初始方案是由人工手动调整参数得到的,此过程需同时兼顾升力、阻力和力矩特性,较难实现在设计点上达到俯仰力矩完全平衡。因此实际上对于初始方案而言,为了对飞机进行纵向配平,还需要进行升降副翼的偏转,由此可能还会额外带来一定的配平阻力。

表 11.3 设计点状态下优化前后气动参数对比

优化状态	C_{Di}	C_m	L/D	$\alpha/(°)$
优化前	0.004 1	$-0.002\,9$	26.3	5.4
优化后	0.003 7	0.000 2	27.3	4.8

本章以某一飞翼布局飞机方案为基础,在保证平面布局不变的基础上,通过调整展向翼型的弯度和扭转角来提升设计点状态下的气动性能。为了实现这一目标,首先提出了翼型弯度的参数化方法,并基于 CATIA 二次开发搭建了参数化几何模型与气动计算软件之间的接口;然后提出了一整套气动优化设计流程框架;在利用实验设计方法对设计空间进行初步分析的基础上,以实验设计获得的样本点构建代理模型。通过代理模型结合多岛遗传算法进行初步优化,再使用序列二次规划结合气动精确计算软件进行精细优化,最终得到了优化后的飞翼布局方案。

在本章的研究过程中,获得了两项具有一定普适性的经验性结论:

第一,通过实验设计证明了本章所涉及的飞翼布局飞机在小迎角下的升力线斜率基本由平面布局确定,而与展向截面翼型无关。由于本章所涉及的飞翼布局飞机方案并没有针对升力线斜率进行特别的设计,因此本项结论可以进一步推广为:一般飞翼布局飞机在小迎角下的升力线斜率只与平面布局参数有关。

第二,通过设计优化过程,可以发现本章所有构建的气动优化设计空间都具有很强的非线性特点。基于 6 000 个样本点构建的径向基(RBF)神经网络代理模型能够在相当大的范围内具有较高精度。但在设计空间的一些局部范围内,该代理模型也存在精度不足的问题。因此可以说,在计算软件速度能够接受的条件下,应尽可能避免使用代理模型。如果将生成代理模型的调试时间计算在内的话,有可能直接使用学科计算软件进行求解在一定程度上具有更高的计算效率和可信度。

经过对延展向的弯度和扭转进行优化,优化方案相对于初始方案在设计点状态下的诱导阻力系数下降了 10%,俯仰力矩系数减小了一个数量级,升阻比提高了 1,完全实现了优化前的预期效果。

参考文献

[1] 宋磊. 飞翼布局飞机总体方案设计优化研究[D]. 北京:北京航空航天大学,2015.

[2] Helmut Sobieczky. Parametric Airfoils and Wings[J]. Notes on Numerical Fluid Mechanics,1998,68:71-88.

[3] Brenda M Kulfan. Universal Parametric Geometry Representation Method[J]. Journal of Aircraft,2008,45(1):142-158.

[4] 邓金秋,冯仁忠. 利于翼型优化设计的超临界翼型参数化方法[J]. 北京航空航天大学学报,2011(3):368-373.

[5] Robinson G M,Keane A J. Concise Orthogonal Representation of Supercritical Airfoils[J]. Journal of Aircraft,2001,38(3):580-583.

[6] Raymond M Hicks,Preston A Henne. Wing Design by Numerical Optimization[J]. Journal of Aircraft,1978,15(7):407-412.

[7] 赖永林,林茂松,梁艳阳. 基于三次非均匀 B 样条曲线的机器人轨迹规划算法研究[J]. 科学技术与工程,2013(35):10511-10517.

第 12 章　基于代理模型的飞翼布局飞机气动结构优化

由于飞翼布局自身就具有良好的隐身性能,根据前期研究成果,当平面形状参数在一定范围内变化时,其前向 RCS 均值并无明显变化,因此本章只对气动结构优化进行研究,研究对象是某高空远程无人侦察机[1],如图 12.1 所示。

图 12.1　某高空远程无人侦察机

12.1　飞翼布局飞机外形参数化建模

12.1.1　平面形状参数化建模

飞翼布局飞机的平面形状如图 12.2 所示,从图中可以看出其平面形状由以下参数完整地描述:内翼前缘后掠角 α_1、内翼翼根弦长 b_r、内翼半展长 l_1、外翼前缘后掠角 α_2、第二段翼翼根

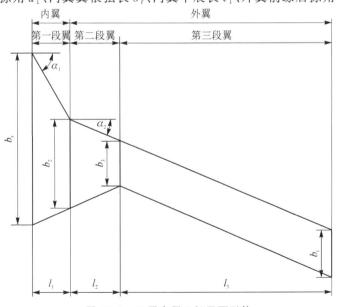

图 12.2　飞翼布局飞机平面形状

弦长 b_2、第二段翼半展长 l_2、第三段翼翼根弦长 b_3、第三段翼翼尖弦长 b_t、第三段翼半展长 l_3。在上述参数确定后,方案的平面形状也就唯一确定了。

在设计优化中,已知参数包括参考面积 S_{ref}、展弦比 A_R、内翼前缘后掠角 α_1、内翼翼根弦长 b_r、内翼半展长 l_1、外翼前缘后掠角 α_2、第二段翼翼根弦长 b_2。平面图中的其他参数可由式(12.1)~式(12.4)联立求出,即

$$S_{ref} = (b_r + b_2) \cdot l_1/2 + (b_2 + b_t) \cdot l_2/2 + b_t \cdot l_3 \tag{12.1}$$

$$l = \sqrt{A_R \cdot S_{ref}}/2 \tag{12.2}$$

$$l = l_1 + l_2 + l_3 \tag{12.3}$$

$$(b_r - b_2 - l_1 \tan \alpha_1)/l_1 = (b_2 - b_t - l_2 \tan \alpha_2)/l_2 \tag{12.4}$$

另外,在各段翼的翼尖处,从内向外分别设置 1°、2° 和 3° 的扭转角。

12.1.2 翼型参数化建模

剖面翼型的参数化建模比翼面平面形状的参数化建模复杂得多。影响翼型优化结果的关键因素有翼型参数化方法和设计参数的取值范围,其中翼型参数化方法的作用尤为重要。

本小节采用几何变换型参数化方法对主要剖面的翼型进行描述。在进行翼型参数化时,将翼型拆分为弯度曲线和厚度曲线两部分。首先通过弯度函数和厚度函数分别对弯度曲线和厚度曲线进行参数化设计,然后由弯度函数和厚度函数叠加成翼型函数。本小节采用公式

$$f(x) = c_1 \cdot \sin(\pi x) + c_2 \cdot \sin(\pi x^{1.5}) + c_3 \cdot \sin(\pi x^2) + c_4 \cdot \sin(\pi x^{2.5}) \tag{12.5}$$

对弯度曲线进行参数化设计,通过 4 个参数变量 α_{LE}、α_{TE}、xc 和 c 对曲线进行控制(见图 11.1)。

为了能够对不同的翼型形状(尖前缘翼型和圆前缘翼型)进行参数化,本小节采用 3 阶 Bernstein 多项式定义的 CST 参数化方法描述翼型的厚度曲线,公式可表示为

$$g(x) = x^{N_1}(1-x)^{N_2}[t_1(1-x)^3 + 3t_2 x^1(1-x)^2 + 3t_3 x^2(1-x) + t_4 x^3] \tag{12.6}$$

对于圆前缘翼型,式中 $N_1 = 0.5, N_2 = 1.0$;对于尖前缘翼型,式中 $N_1 = 1.0, N_2 = 1.0$。

对不同形状翼型的厚度曲线,同样通过 4 个参数变量对曲线进行控制。在圆前缘翼型中(见图 12.3),各控制参数的具体含义如下:

- r:翼型前缘半径;
- β_{TE}:厚度曲线后缘夹角;
- xt:最大厚度处的位置;
- t:最大相对厚度。

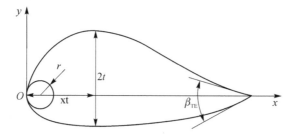

图 12.3 圆前缘翼型厚度曲线参数化中的各参数变量

在尖前缘翼型中(见图 12.4),各控制参数的具体含义如下:

- β_{LE}:厚度曲线前缘夹角;
- β_{TE}:厚度曲线后缘夹角;
- xt:最大厚度处的位置;
- t:最大相对厚度。

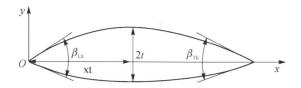

图 12.4　尖前缘翼型厚度曲线参数化中的各参数变量

为了验证该翼型参数化方法的有效性,选取了几种具有代表性的翼型进行拟合,其中包括大弯度翼型"GOE 447"(见图 12.5),带有后缘上翘特征的 S 翼型"CJ 4"(见图 12.6),常规低速翼型"CLARK-Y"(见图 12.7),以及后缘加载翼型"RAE 2822"(见图 12.8)。图中上、下翼型曲线上的"＊"为原翼型数据点,完整翼型连线为拟合曲线。

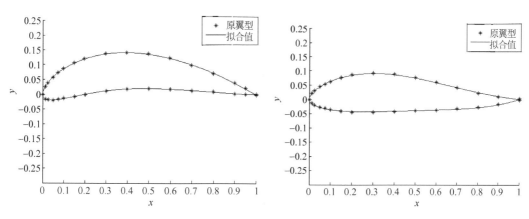

图 12.5　GOE 447 翼型拟合结果　　　　**图 12.6　CJ 4 翼型拟合结果**

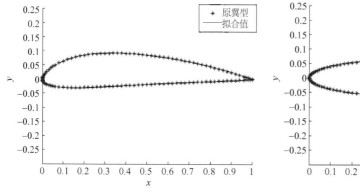
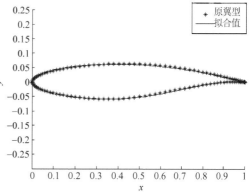

图 12.7　CLARK-Y 翼型拟合结果　　　　**图 12.8　RAE 2822 翼型拟合结果**

上述四种不同类型的翼型进行拟合后的残差基本控制在 0.003 以内,精度良好。从对圆前缘翼型的拟合结果中可以看出,采用这种方法对设计方案中的翼型进行参数化建模是可行的。

12.1.3 参数化模型的自动生成

基于 CATIA 软件强大的图形处理能力,在优化过程中选用 CATIA 软件来生成参数化的 CAD 模型。为了能实现飞翼 CAD 模型的自动生成,本小节通过参数集功能,对方案的平面形状参数和翼型控制参数进行定义,如图 12.9 左图所示;通过公式功能,完成翼型剖面的定义,如图 12.9 右图所示。方案中参数化模型的生成过程如下:首先编写 Matlab 程序,根据已知平面形状参数和各个剖面的翼型参数对平面形状的其他参数及翼型函数的系数进行求解;然后把建模所需的平面形状参数和翼型函数的相关系数导入 CATIA 软件,在 CATIA 中生成参数化模型,如图 12.10 所示。

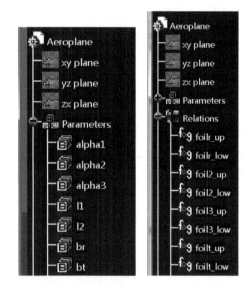

图 12.9 设计参数和翼型函数在 CATIA 特征树下的表示

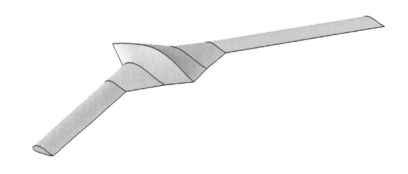

图 12.10 飞翼布局飞机的几何模型

12.2　气动结构设计优化问题分析

12.2.1　气动结构优化问题的定义

在给定设计参数的基础上,按照优化问题的定义要求,分别给出方案的给定参数、优化目标、设计变量和约束条件。对该设计方案的优化问题定义如下:

给定参数:飞机起飞重量、有效载荷重量、推重比、翼载荷、飞行条件、发动机性能参数。

优化目标:巡航最远。

设计变量:包括外形设计变量和结构设计变量,其中外形设计变量主要有展弦比、内翼前缘后掠角、外翼前缘后掠角,以及用于控制飞机剖面形状的主要站位剖面翼型弯度曲线和与厚度曲线对应的相关参数等;结构设计变量主要有上/下蒙皮厚度、加强框缘条面积和腹板厚度、纵墙缘条面积和腹板厚度、翼梁缘条面积和腹板厚度,以及翼肋梁缘条面积和腹板厚度等。

约束条件:①内部容积约束,要求内部空间能够装纳发动机系统、起落架系统和足够的燃油;②气动性能约束,要求在巡航状态下飞机的升力系数等于设计升力系数,同时俯仰力矩系数接近于零;③结构约束,要求飞机结构应能满足相应的强度和刚度要求。

根据上述对飞机优化问题的定义,飞机的优化过程可以概括为以下步骤:

① 根据设计指标,确定一个满足各项设计要求的初始设计方案;

② 采用各学科设计模型,对方案进行分析计算;

③ 根据飞行性能的计算结果对方案进行评估;

④ 采用优化算法对设计变量进行寻优,进入下一轮对新方案的分析、评估,依次迭代直至获得最优解。总体参数优化模型如图 12.11 所示。

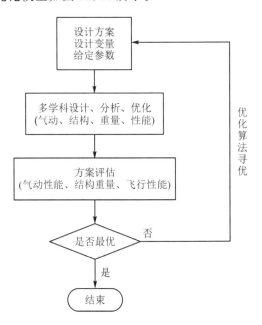

图 12.11　总体参数优化模型

在飞机设计过程中,对气动性能的计算和对结构受力的分析都应考虑飞机在多个飞行状态下的情况。本小节在气动和结构的计算分析中只考虑飞机的单一飞行状态。对气动性能的计算,只考虑飞机的巡航任务阶段,飞行状态参数由设计指标给定;对结构受力的分析,也只考虑飞机在平飞状态下的受力情况,通过给定过载系数和结构安全系数,对飞机结构重量进行修正。由于上述优化问题的计算分析涉及多个学科,已经超出了传统飞机设计过程中单学科优化的范畴,因此采用 MDO 理论来解决气动结构的优化问题。

12.2.2　气动结构耦合关系分析

飞机的气动、结构之间存在明显的耦合关系,梳理清楚这种耦合关系对方案整体性能的影响,对建立气动结构优化模型和实施优化流程具有重要的作用。下面从优化目标入手,对气动、结构的耦合关系进行分析。根据对优化目标的定义,方案的优化目标是航程最大,本小节采用 Breguet 航程公式对航程进行估算。根据航程计算公式,当完成发动机选型后,发动机性能参数也随之确定,此时航程的大小由飞机的升阻比和结构重量决定。其中升阻比由气动学科经过气动计算获得,结构重量由结构学科通过结构优化设计得到。建立气动学科与结构学科之间的关系图(见图 12.12),从图中可以看出,气动学科和结构学科的计算结果分别为彼此的输入条件,相互影响着彼此的计算结果,对航程起到双重影响。

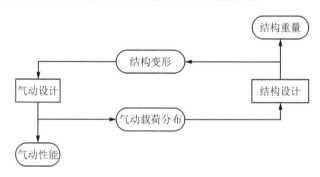

图 12.12　飞翼布局气动结构关系

升阻比作为气动计算的输出结果之一,影响着航程的大小;气动载荷分布作为气动设计的另一种结果,同时也是结构设计的输入条件,对结构重量有着重要影响,进而影响着航程的大小;结构受力引起的结构变形,又影响着气动设计的结果,即影响升阻比的大小和载荷分布,因此也影响着航程的大小。如上所述,气动、结构之间的耦合关系主要表现为两个学科计算模型的结果分别作为对方模型分析的必要输入条件,都对优化目标产生重要影响。

在处理气动、结构之间的耦合关系时,可采用以下三种方式:

① 全耦合方式,即把流体力学方程组与结构力学方程组联立为一个统一的方程组求解,这种耦合方式无疑最能保证两者之间的时间同步,其缺点是消耗的计算机资源巨大。

② 紧耦合方式,即把流体力学方程组和结构力学方程组整合在一个模块中分别进行独立求解,两个方程组处于同一时间步长之中来保证两者的时间同步性,缺点同样是计算机资源消耗较大。

③ 松耦合方式[2],即把流体力学方程组与结构力学方程组完全独立求解,而仅在两者之间采用数据交换技术传递气动载荷和结构位移,其优点在于两者之间并无直接联系,因此可以

分别替换不同的模型进行研究,其缺点是不适于计算对时间敏感的气动弹性问题。

气动、结构的耦合计算需要多次迭代才能达到平衡状态,在优化过程中对计算机资源消耗巨大,在本章的研究中只考虑气动对结构的影响作用,而不考虑气动弹性的影响。

12.3　多学科设计优化方法

飞机多学科设计优化问题的难点在于其研究对象涉及多个学科,且各学科之间高度关联、相互影响;同时设计变量和约束条件较多,使得优化问题变得异常复杂。多学科优化方法是研究 MDO 问题的数学表达在计算环境中如何实现的一个组织过程,也是当前 MDO 研究最活跃的领域之一。对于复杂系统的多学科设计优化,通常采用合适的多学科优化方法对系统进行分解,分解成较为简单的单学科优化问题,再进行优化求解。

12.3.1　代理模型

代理模型是优化设计中常用的一种技术,与高精度分析模型相比,代理模型的计算效率高很多,同时其计算精度又能满足优化设计的需求[3]。因此在优化过程中,常用代理模型来取代学科分析中的精确计算模型,并与优化算法相结合,实现对设计变量的快速寻优。

在应用代理模型之前,必须先构造出相应的代理模型。构造代理模型的过程分以下几个步骤:

① 采用适当的试验设计方法从设计空间中选取适量的样本点;

② 用各个学科的高精度分析模型对样本点进行分析、计算,获得一组输入、输出数据;

③ 采用合理的近似方法,对输入、输出数据进行拟合,完成代理模型的构建;

④ 对代理模型的精度进行分析。

1. 试验设计中的常用术语

在进行试验之前先介绍试验设计中的如下常用术语:

- 因子:是试验中改变的输入设计参数,常常是造成试验指标按某种规律发生变化的那些原因。
- 水平:因子的不同状态称为水平,即输入设计参数的数值。
- 响应:相关联的输出参数,常常是衡量设计性能的指标。
- 设计矩阵:一系列由多个水平的因子表示的试验计划;在每一次试验中,该矩阵都指定了各个设计参数的值。

2. 试验设计方法

在多学科优化中,试验设计是近似技术的重要组成部分。试验设计关系到如何安排试验才能以最少的试验次数最真实地反映设计对象随设计变量的变化趋势,这对于系统分析非常复杂耗时的飞行器设计来说是非常重要的。工程设计中常用的试验设计方法有:中心组合设计、全因子设计、部分因子设计、拉丁超立方设计等。

（1）中心组合设计

中心组合设计是以水平正交表为基础,通过添加星号点和零水平而形成的,它通常与置信域方法相结合,确定在中心外多大范围内选取试验点。以二维问题为例,在确定了中心点和置信域之后选取的样本点如图 12.13 中"＊"和"·"点所示。若设计变量的维度为 N_V,则"＊"点通常在坐标轴的 $[1,\sqrt{N_V}]$ 域内。

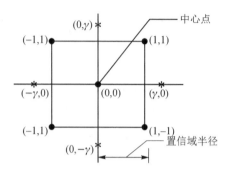

图 12.13　中心组合设计

描述这些样本点只需一个中心点坐标和置信域半径,非常便于编程计算,以此类推,可推广到三维及更高维的情况。中心组合设计要求试验次数为 $2^{N_V}+2N_V+1$,即随设计向量维度的增加,试验次数呈级数增大,因此中心组合设计法不适用于设计变量多的问题。有关中心组合设计和置信域的理论本章不再详述,具体参见文献[4]。

（2）全因子设计

为每个因子指定任意水平数,并研究所有因子的所有组合。

（3）部分因子设计

取全因子设计中的部分样本进行试验(通常为 1/2、1/4 样本数等),包括了 2 水平、3 水平和混合水平组合。

（4）拉丁超立方设计

每个因子的水平等于点数,并进行随机组合。

一般按近似区域将近似方法分为局部近似方法和全局近似方法。局部近似指在当前设计点的邻域内对设计对象进行近似,通常采用一阶泰勒级数等线性近似方法。全局近似指在整个设计空间对设计对象进行近似,常用的全局近似技术主要包括二次响应面近似技术、Kriging 模型近似技术和神经网络近似技术等。关于近似方法的基本理论,详见文献[5],本章不再赘述。

在飞机的多学科设计优化中,采用代理模型技术除了能够减少计算量、提高计算效率之外,还能够过滤掉高精度分析模型产生的计算噪声。在各学科进行高精度分析计算时,通常会因网格质量、收敛准则和截断误差等因素,使输入、输出数据之间存在高频率低幅度的振荡,从而给优化算法的寻优制造了困难;而采用代理模型技术可以避免这种现象的出现。

12.3.2　气动结构优化模型

本章在借鉴经典分布式优化方法的基础上,建立了一种新型优化模型,用于解决飞翼布局飞机的气动结构优化问题。该优化方法从实用性出发,力求在保证优化效率的同时能够以更大的概率接近最优方案。

根据 12.2.2 小节对气动结构耦合关系的分析,在气动载荷给定的情况下,气动载荷分布是影响结构设计结果的一个重要的决定性因素。气动载荷分布由载荷分布函数的系数 a_0、a_1、a_2 和 a_3 决定,其值通过对沿翼展方向主要站位处的升力系数的拟合得到。如果得到 a_0、a_1、a_2 和 a_3 关于结构重量的代理模型,则在气动学科中即可对结构重量进行估算,从而进一步得到航程的近似模型。在气动优化过程中,把航程的近似模型定义为综合气动性能参数,作为气动学科的目标函数,对设计方案进行评估筛选,并把气动优化的最优解作为子系统级优化的最优设计方案。这样搜索出的方案在以较大概率接近最优解的同时,还可以大幅减少结构优化迭代的次数,提高优化效率。

该优化方法具有以下特点:

① 把整个系统的优化问题分解为系统级优化和子系统级优化两层,其中子系统级优化中包括气动、结构优化模型和性能计算模型。

② 把航程最大定义为系统级优化目标,把子系统中对气动、结构学科影响都比较大的设计变量定义为系统级设计变量(或称为全局设计变量)。系统级优化的主要任务是通过对全局设计变量的优化使航程最大。

③ 把只对气动性能影响比较大的外形设计参数定义为气动学科设计变量。气动优化的任务是通过调整气动设计变量而使飞机的综合气动性能参数值最大,并把气动学科优化方案作为子系统级最优解。本小节把升阻比和气动载荷分布与航程的近似关系定义为飞机的综合气动性能模型,同时反映气动学科和结构学科对航程的影响。

④ 把只对结构重量影响比较大的结构尺寸参数定义为结构学科设计变量。结构优化的目标是在满足约束条件的前提下调整结构设计变量,使结构重量最轻。

⑤ 性能计算模型的主要任务是根据气动、结构的计算结果,计算出飞机的航程,作为方案评估的依据。

⑥ 在系统级设计变量完成迭代之后,必须先确定气动学科的综合气动性能模型,才能开始子系统级的优化。本小节中,飞机综合气动性能模型的构建方法如下:首先采用最优拉丁超立方设计方法在气动学科局部设计空间中选取样本点;然后依次采用气动学科、结构学科的高精度分析模型对样本点进行分析计算;最后用与以此获得的载荷分布函数系数对应的结构重量的数据信息,采用四阶响应面法建立展向载荷分布函数的系数关于结构重量的近似模型。在气动学科优化中,根据气动计算得到的升阻比和由代理模型得到的结构重量对航程进行预估,得到综合气动性能模型,把航程的预估值定义为综合气动性能参数,并将其作为优化目标对气动学科设计变量进行优化。

根据以上表述,建立的气动、结构优化模型如图 12.14 所示。与其他多级优化模型类似,在优化过程中全局设计变量每迭代一次,子系统各学科模型完成一次优化或计算。从气动结构优化模型的框架图中可以看出,在气动优化模型中对飞机的综合气动性能进行寻优,在很大程度上提高了逼近设计空间中最优设计点的概率。当然,该方法在提高优化效率的同时也存在一些缺陷。在子系统级优化中,气动优化模型过滤掉了大量的设计点,不可否认可能包含系统级优化目标的最优解。

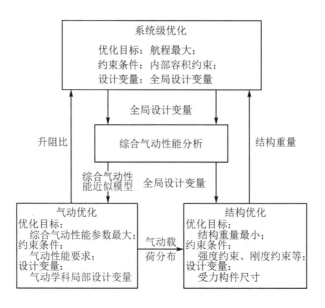

图 12.14   优化模型基本框架

12.3.3   代理模型精度分析

在子系统级优化过程中,对设计方案的评估是以航程的近似值为依据,以载荷分布函数的系数和结构重量的代理模型为基础的。因此,代理模型的精度直接影响着优化解的质量。采用优化的拉丁超立方设计方法从气动学科局部变量中生成 100 个样本点建立结构重量的近似模型,再次通过优化的拉丁超立方设计方法从设计空间中生成 30 个样本点对代理模型的精度进行校验,样本点结构重量的计算值和预测值参见附录中的附表 5,其相对误差如表 12.1 所列。从表中可以看出,代理模型的精度可以满足气动优化阶段对结构重量估算的精度要求。

表 12.1   结构重量的计算值与预测值的相对误差表

名　　称	平均误差	最大误差	误差平方根	R^2
结构重量	0.034 79	0.105 32	0.042 35	0.948

12.4　飞翼布局飞机气动结构设计优化流程

12.4.1   气动结构优化问题表述

本节在 12.3 节飞翼布局飞机气动结构优化策略的基础上,对初始方案的总体参数进行优化,并对优化结果进行分析。根据气动结构优化框架,对飞翼布局飞机的气动结构设计优化问题进行更加具体的描述。

1. 系统级优化

优化目标:航程最大。

设计变量:将对气动性能和结构重量影响都较大的设计变量作为全局设计变量,具体如表 12.2 所列,其中 t_1、t_2、t_3 和 t_4 分别表示从飞机对称面沿展向依次向外主要站位处的翼型厚度。

设计约束:飞机内部容积满足燃油装载要求。

在系统级优化中,采用多岛遗传算法(MIGA)对全局设计变量进行优化,其中优化算法的主要参数设置为:初始种群数为 100,迭代次数为 200。

表 12.2　飞翼布局飞机系统级设计变量及其范围

变　量	最小值	最大值
展弦比 A_R	8	13
内翼前缘后掠角 $\alpha_1/(°)$	54	68
外翼前缘后掠角 $\alpha_2/(°)$	20	26
翼型厚度 t_1	0.06	0.12
翼型厚度 t_2	0.04	0.10
翼型厚度 t_3	0.04	0.10
翼型厚度 t_4	0.04	0.10

2. 子系统级优化

子系统级优化包括气动学科和结构学科的优化模型,以及性能计算模型。

(1) 气动优化模型

对于一般机翼的气动优化问题,主要内容是通过优化飞机沿展向的翼型,尽可能减小飞机巡航状态的诱导阻力以使气动效率最优。而对于本节所研究的飞翼布局飞机,在其优化过程中必须考虑更多的因素。纵向配平因素对于飞翼布局飞机而言,其重要性从某些方面来说不亚于气动外形的减阻需求。由于飞翼布局飞机的俯仰操纵主要依赖机翼后缘的升降副翼,其操纵力臂远小于常规布局飞机位于尾翼后缘的升降舵,从而导致飞翼布局飞机俯仰配平能力较弱的问题。因此,飞翼布局飞机在进行展向截面气动优化时,必须将俯仰配平条件纳入考虑范畴,以保证飞机在设计状态下能够实现纵向自配平。

气动优化模型可表述为:

计算条件:巡航马赫数 $Ma=0.8$,巡航高度 $H=18$ km。

优化目标:综合气动性能最佳。

设计变量:飞机各剖面翼型弯度曲线参数和厚度曲线参数(相对厚度除外),共 28 个设计变量,设计变量的取值范围如表 12.3 所列。

约束条件:巡航升力系数等于设计升力系数,有 $C_L=0.362$;纵向力矩系数约等于零,即 $-0.000\,5 \leqslant C_m \leqslant 0.000\,5$。

在气动优化模型中,同样采用多岛遗传算法对气动学科设计变量进行寻优。

表 12.3　气动学科设计变量

变量名	最小值	最大值	变量名	最小值	最大值
α_{LE1}	-10	10	α_{LE3}	-15	15
α_{TE1}	-10	10	α_{TE3}	-10	10
xc_1	0.3	0.7	xc_3	0.2	0.8
c_1	-0.03	0.03	c_3	-0.03	0.03
β_{LE1}	10	40	r_3	0.002	0.04
β_{TE1}	-20	-5	β_{TE3}	-20	-5
xt_1	0.4	0.7	xt_3	0.2	0.6
α_{LE2}	-15	15	α_{LE4}	-20	20
α_{TE2}	-10	10	α_{TE4}	-10	10
xc_2	0.2	0.8	xc_4	0.2	0.8
c_2	-0.03	0.03	c_4	-0.05	0.05
r_2	0.002	0.04	r_4	0.002	0.04
β_{TE2}	-20	-5	β_{TE4}	-20	-5
xt_2	0.2	0.6	xt_4	0.2	0.6

（2）结构优化模型

结构优化的主要目标是在满足结构学科相关约束条件的前提下,采用相应的优化算法对该学科局部设计变量的设计空间进行搜索,以获得结构重量最轻的设计点。

结构优化模型可表述为:

优化目标:结构重量 W_s 最轻。

设计变量:翼梁、翼肋和加强框缘条横截面积,翼梁、翼肋和加强框腹板厚度,蒙皮厚度。为了便于对构件的尺寸进行管理,分别对各类构件进行了分组,每组构件尺寸相同。各类构件的分组情况和初始尺寸及变化范围如表 12.4 所列,共计 86 个设计变量。

约束条件:杆单元的轴向应力约束为 $-450\ \text{MPa} \leqslant \sigma_{max} \leqslant 450\ \text{MPa}$,壳单元的 von Mises 应力约束为 $\sigma_{von} \leqslant 425\ \text{MPa}$,外翼翼尖处垂直位移约束为 $\delta_{max} \leqslant 8\% \times l$。

在结构优化模型中,采用序列二次规划算法(NLPQL)对翼面结构的构件尺寸进行优化。

表 12.4　结构学科设计变量

变　　量	分组数量	初始值	最小值	最大值
内翼上蒙皮厚度/mm	2	5	2	10
内翼下蒙皮厚度/mm	2	5	2	10
纵墙腹板厚度/mm	2	3	2	5
加强框腹板厚度/mm	3	10	5	15
外翼上蒙皮厚度/mm	8	3	2	5
外翼下蒙皮厚度/mm	8	3	2	5

变　量	分组数量	初始值	最小值	最大值
翼肋腹板厚度/mm	8	3	2	5
翼梁腹板厚度/mm	10	10	3	15
纵墙缘条面积/mm^2	2	200	30	300
纵墙加强柱面积/mm^2	2	200	50	300
加强框缘条面积/mm^2	3	1 000	500	2 000
翼肋缘条面积/mm^2	8	200	20	300
翼肋加强柱面积/mm^2	8	200	50	300
翼梁上缘条面积/mm^2	10	1 000	300	2 000
翼梁下缘条面积/mm^2	10	1 000	300	2 000

（3）性能计算模型

该计算模型的主要任务是根据结构优化重量 W_s 计算出燃油重量和内部容积所能装载的燃油重量，然后结合气动计算模型得到的飞机升阻比计算出飞机的航程 R。

12.4.2　气动结构优化流程

在上述飞翼布局飞机气动、结构多学科设计优化模型的基础上，制定出更加翔实的优化流程图，如图 12.15 所示。

依据流程图 12.15，优化过程的实施步骤如下：

① 根据初始设计方案的相关参数计算出参数化建模所需的数据，在 CATIA 软件中建立飞机参数化模型。

② 全局设计变量不变，通过最优拉丁超立方设计方法从气动学科的设计空间中生成局部设计变量的样本点。

③ 对上述样本点进行处理，得到生成飞机参数化模型所需的数据，以驱动飞机参数化模型更新而得到新的几何外形，并将其自动保存为 IGS 格式。

④ 气动计算模型读取上述几何文件，自动完成网格划分、气动计算和数据处理。为了得到设计升力系数处的准确气动数据，在气动分析中采用重复调用 PANAIR 程序的方法。通过第一次气动计算结果，计算出设计升力系数对应的迎角，然后对相应迎角下的飞行状态进行气动计算，得到设计升力系数对应的升阻比、纵向力矩系数和沿展向的升力系数分布等信息。

⑤ 把展向升力系数分布数据进行拟合，将得到的载荷分布函数的系数传递给结构分析模型，对飞机结构进行分析、优化，得到飞机的结构重量。

⑥ 重复步骤②～⑤的流程，直至把所有样本点都计算完，获得展向载荷分布函数的系数和结构优化后重量的数据组。

⑦ 建立展向载荷分布函数系数关于结构重量的近似模型，根据展向载荷分布函数的系数可对结构重量进行预估。

⑧ 根据结构重量的近似值，通过性能计算模型计算出机内燃油重量，结合步骤④中计算出的飞机升阻比，得到飞机航程的表达式作为综合气动性能模型。

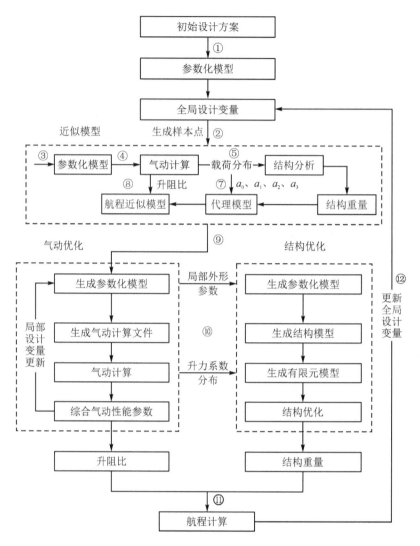

图 12.15　飞翼布局飞机气动结构优化实施流程

⑨ 保持全局设计变量固定不变，进行气动学科优化。把每次气动计算的结果代入步骤⑦中的代理模型，再由步骤⑧对航程进行预估，以航程预估值最大为优化目标，完成气动优化。

⑩ 把气动优化后的最优设计点作为子系统级最优设计方案，把其对应的局部设计变量和展向载荷分布函数的系数传递给结构模型进行结构优化。

⑪ 根据结构优化的结果，计算出飞机燃油重量，再结合气动学科最优设计点对应的升阻比计算出飞机的航程。

⑫ 通过系统级优化算法更新全局设计变量，对全局设计变量寻优。在优化流程中，全局设计变量每迭代一次，都要依次重复步骤②～⑪，直至完成整个优化流程。

上述流程中各个环节的执行都是在多学科集成和优化软件 iSIGHT 中实现的。iSIGHT 是一款多学科、多目标设计优化软件，可方便地对各种分析软件进行集成和管理，同时还提供了多种实验设计方法、近似模型技术和优化算法等工具，为用户提供了很大便利。通过 iSIGHT 软件的工作界面，可以直观看到优化进展和数据交换情况等信息，因此本小节选择

iSIGHT 软件作为优化集成的平台。在 iSIGHT 软件中建立飞机的气动结构优化模型,如图 12.16 所示,气动计算、结构优化模型的流程图分别如图 12.17 和图 12.18 所示。

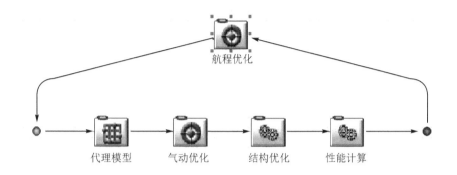

图 12.16　飞翼布局飞机气动结构设计优化集成

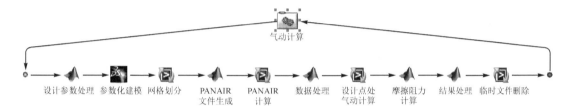

图 12.17　巡航状态下气动计算集成

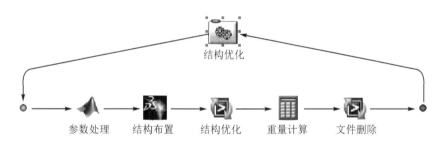

图 12.18　结构优化设计集成

12.4.3　气动结构优化结果与分析

　　按照 12.4.2 小节的优化流程对飞翼布局飞机进行气动结构优化,优化前后设计方案的航程和主要外形参数如表 12.5 所列。优化前后飞机平面形状对比如图 12.19 所示,优化前后不同展向控制截面翼型对比如图 12.20～图 12.23 所示,其中左图为 xy 轴等比例曲线图,右图为 y 轴增大比例曲线图,以进一步对比翼型细节。

表 12.5　优化前后的结果对比

设计变量	A_R	$\alpha_1/(°)$	$\alpha_2/(°)$	K	W_s/kg	R/km
优化前	10.17	60.0	22.5	31.4	5 796	26 000
优化后	9.54	57.6	21.3	31.8	5 574	27 209

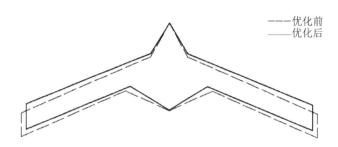

图 12.19   优化前后飞机平面形状对比图

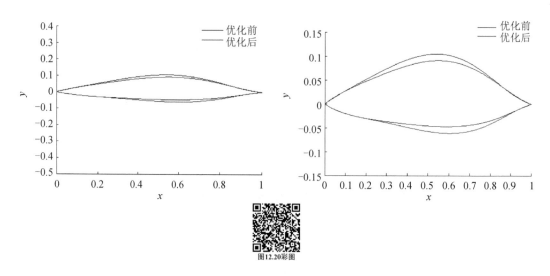

图12.20彩图

图 12.20   优化前后截面 1 翼型对比图

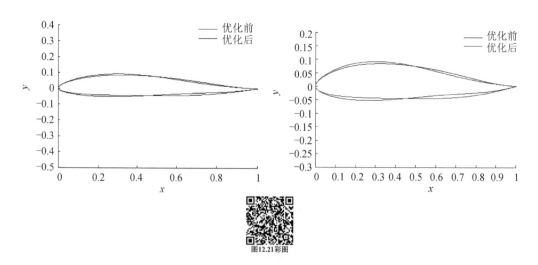

图12.21彩图

图 12.21   优化前后截面 2 翼型对比图

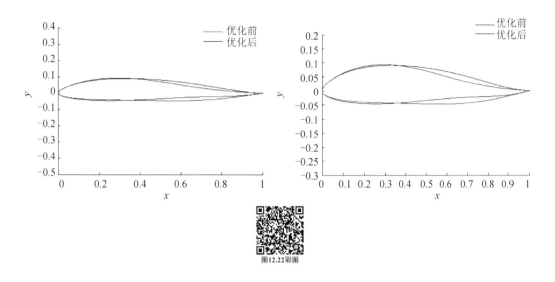

图 12.22　优化前后截面 3 翼型对比图

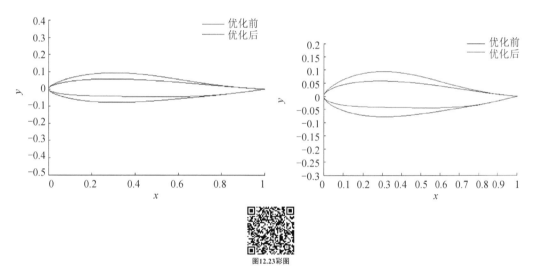

图 12.23　优化前后截面 4 翼型对比图

对上述设计方案的优化前后进行对比分析可知,优化后飞机的升阻比增加了 1.27%,结构重量减轻了 3.83%,飞机的航程增加了 4.65%。优化后飞机的展弦比略有减小,可以看出结构重量对展弦比较为敏感。另外,在满足纵向稳定性的条件下,可以通过对飞机剖面翼型的优化来弥补展弦比的减小对气动性能的影响。

本章对多学科设计优化中常用的优化方法进行了分析,在对飞翼布局飞机气动、结构优化问题定义的基础上,以飞翼布局飞机设计方案为研究对象,建立了气动结构优化模型。该模型并不严格属于协同优化方法或并行子空间优化方法;但是,其在兼顾可靠性的同时有着更高的优化效率。最终在该模型的基础上完成了初始设计方案的气动结构优化。

参考文献

［1］潘亚林. 飞翼布局飞机气动结构优化研究［D］. 北京：北京航空航天大学，2017.

［2］陈大伟. 飞行器流/固耦合静气动弹性分析及考虑结构变形气动性能优化［D］. 北京：中国科学院力学研究所，2008.

［3］Simpson T W，Booker A J，Ghosh D，et al. Approximation Methods in Multidisciplinary Analysis and Optimization：A Panel Discussion［J］. Structural and Multidisciplinary Optimization，2004，27(5)：302-313.

［4］Myers R H，Montgomery D C. Response Surface Methodology：Process and Product Optimization Using Designed Experiments［M］. New York：John Wiley & Sons，1995.

［5］张科施. 飞机设计的多学科优化方法研究［D］. 西安：西北工业大学，2006.

附　录

序　号	$\alpha_1/(°)$	$\alpha_2/(°)$	A_R	$C_d^c \times 10^3$	$C_d^w \times 10^4$
1	61.621 817 36	18.160 391 7	14.930 930 99	0.009 026	0.000 709
2	61.560 124 49	18.143 134 4	14.927 703 45	0.009 03	0.000 709
3	57.911 583 89	18.001 128 61	14.997 552 38	0.009 198	0.000 686
4	61.621 817 36	18.160 391 7	14.930 930 99	0.009 026	0.000 709
5	61.834 423 5	18.342 687 94	14.939 656 15	0.009 025	0.000 711
6	56.777 563 04	18.047 084 16	14.999 511 17	0.009 233	0.000 684
7	57.911 583 89	18.000 551 78	14.997 552 38	0.009 198	0.000 686
8	56.844 652 6	18.002 996 92	14.997 541 59	0.009 229	0.000 684
9	63.739 807 26	18.044 648 68	14.930 791 34	0.008 878	0.000 731
10	56.851 609 84	18.029 992 14	14.963 726 52	0.009 243	0.000 683
11	63.923 800 04	18.029 433 55	14.964 720 04	0.008 858	0.000 732
12	60.765 960 63	18.029 992 14	14.963 726 52	0.009 06	0.000 700
13	63.688 170 56	18.026 729 17	14.931 260 41	0.008 88	0.000 730
14	59.797 500 09	18.185 352 51	14.947 191 28	0.009 142	0.000 694
15	63.879 702 5	18.013 009 61	14.964 720 04	0.008 86	0.000 731
16	57.911 583 89	18.015 635 13	14.999 923 67	0.009 198	0.000 686
17	60.126 086 72	18.002 284 6	14.962 744 4	0.009 098	0.000 696
18	58.672 800 79	18.000 463 83	14.980 186 88	0.009 171	0.000 687
19	60.629 091 53	18.084 152 47	14.990 406 34	0.009 067	0.000 700
20	63.322 297 51	18.169 291 78	14.963 700 21	0.008 904	0.000 725
21	62.977 814 35	18.004 414 81	14.978 813 53	0.008 911	0.000 720
22	59.812 286 2	18.010 525 09	14.947 191 28	0.009 124	0.000 695
23	58.958 818 93	18.000 463 83	14.998 663 87	0.009 152	0.000 690
24	63.761 698 07	18.334 072 12	14.968 855 04	0.008 886	0.000 730
25	56.833 837 17	18.417 098 75	14.964 208 82	0.009 28	0.000 682
26	60.126 086 72	18.002 284 6	14.962 744 4	0.009 098	0.000 696
27	61.030 878 29	18.047 492 82	14.964 058 01	0.009 045	0.000 703
28	56.833 837 17	18.417 098 75	14.964 208 82	0.009 28	0.000 682
29	62.414 538 97	18.000 317 49	14.971 432 98	0.008 948	0.000 715
30	60.070 209 09	18.002 284 6	14.962 744 4	0.009 102	0.000 696
31	61.030 878 29	18.047 492 82	14.964 058 01	0.009 045	0.000 703
32	56.833 837 17	18.417 098 75	14.964 208 82	0.009 28	0.000 682
33	60.480 523 57	18.047 089 86	14.997 007 21	0.009 071	0.000 699
34	56.538 328 18	18.040 367 72	14.971 912 72	0.009 246	0.000 682
35	62.215 926 59	18.048 370 12	14.971 432 98	0.008 965	0.000 713
36	63.978 457 79	18.001 120 04	14.978 718 03	0.008 851	0.000 732

附表2 50个优化结果(1)

序 号	α_{LE1}	α_{LE2}	α_{LE3}	α_{TE1}	α_{TE2}	α_{TE3}
1	−8.74	−2.24	−16.54	5.59	−6.38	0.24
2	−1.65	−14.29	9.92	9.84	−9.84	8.11
3	−7.17	9.80	−20.00	3.54	7.95	3.70
4	−6.38	−10.75	11.50	6.38	10.00	−1.81
5	0.24	−6.73	20.00	−1.81	−6.38	7.17
6	−1.34	13.11	−15.91	8.90	8.74	−0.08
7	0.71	10.04	5.51	0.71	9.69	−8.58
8	7.80	−11.22	−16.85	9.69	3.07	5.12
9	1.18	−13.82	19.37	8.74	9.06	−0.55
10	7.64	−2.48	−2.68	7.48	−6.85	−8.27
11	−7.01	2.72	−18.43	9.21	7.48	9.06
12	6.06	−13.82	2.05	8.74	8.11	0.87
13	8.11	11.93	10.24	7.48	−1.18	7.32
14	−10.00	−7.44	0.47	3.39	4.33	5.75
15	−7.32	15.00	−12.76	−5.12	10.00	5.28
16	−1.65	−14.76	6.46	5.28	−0.87	−1.81
17	−9.53	−15.00	9.29	5.28	1.02	−1.34
18	−4.80	−8.15	−9.92	−1.02	−7.80	−1.65
19	−8.90	−13.35	−2.36	0.08	6.85	4.17
20	−8.11	−8.86	−8.35	6.54	3.39	5.91
21	1.02	−8.62	12.13	6.69	−5.43	−0.08
22	4.80	−12.17	−18.11	5.28	7.48	−8.74
23	6.54	−12.64	15.59	7.80	1.81	−3.54
24	−1.81	−14.53	14.02	−7.64	9.84	−4.96
25	−7.48	10.98	−16.85	0.55	7.17	8.74
26	−4.02	−1.77	13.39	6.54	5.12	0.55
27	4.33	0.59	−18.74	9.68	−0.71	−8.43
28	3.70	9.80	13.07	4.96	6.69	2.76
29	−8.27	−13.58	−17.80	−6.22	8.58	−5.28
30	−8.90	−11.93	−11.50	−0.39	7.32	−5.59
31	2.76	−12.17	14.33	−2.13	9.69	−7.64
32	−5.28	−0.12	−5.20	8.27	4.96	−7.95
33	6.06	−14.76	16.85	1.18	9.53	7.01

序　号	α_{LE0}	α_{LE1}	α_{LE2}	α_{TE0}	α_{TE1}	α_{TE2}
34	-10.00	-13.82	-8.98	-8.27	1.02	6.85
35	-4.80	-11.69	18.43	9.06	6.06	8.42
36	-3.39	-14.53	18.11	9.84	-1.34	9.21
37	-4.65	-14.53	18.11	-10.00	8.58	-3.23
38	-3.86	-5.31	-4.88	10.00	3.86	-8.58
39	-3.54	-7.44	19.69	-6.38	0.71	0.24
40	-10.00	-7.20	-9.29	9.06	6.85	-1.65
41	-2.44	-10.75	19.06	-7.48	2.28	8.27
42	0.24	-11.22	15.91	-3.07	-2.91	2.76
43	1.18	1.06	12.44	-5.12	3.39	2.60
44	-4.33	-14.29	20.00	8.58	4.80	5.28
45	-3.39	3.43	-19.37	7.95	7.32	6.69
46	-9.69	-14.06	-15.59	4.49	10.00	10.00
47	6.06	-14.76	20.00	-7.48	3.70	2.60
48	-9.84	-15.00	14.65	-7.64	7.48	8.74
49	-3.54	-13.82	14.96	-9.06	3.86	6.85
50	-5.28	-14.53	8.66	3.54	9.37	9.21

附表3　50个优化结果(2)

序　号	c_1	c_2	c_3	k_1	k_2	t_1
1	-0.026	-0.001	-0.022	0.58	0.64	-0.83
2	-0.028	0.012	0.000	0.78	0.47	-0.5
3	-0.003	-0.011	-0.014	0.63	0.28	3.7
4	-0.007	-0.001	-0.043	0.70	0.69	2.2
5	-0.025	-0.006	0.020	0.40	0.53	0.0
6	0.002	0.030	-0.001	0.80	0.63	-0.8
7	-0.022	0.017	-0.011	0.72	0.47	2.5
8	-0.020	0.015	0.049	0.54	0.69	-1.6
9	-0.030	0.030	-0.019	0.37	0.78	-2.7
10	-0.001	-0.020	-0.029	0.24	0.45	3.9
11	0.011	-0.010	0.013	0.20	0.37	4.2
12	0.013	0.003	-0.008	0.47	0.37	3.7
13	0.003	-0.022	-0.031	0.61	0.37	3.3
14	-0.006	0.017	0.025	0.24	0.34	1.6
15	-0.011	-0.014	-0.028	0.80	0.39	0.0
16	-0.021	-0.014	-0.026	0.20	0.71	5.6
17	-0.030	0.030	0.003	0.72	0.54	-6.8
18	-0.025	-0.020	0.033	0.29	0.23	3.7
19	-0.030	-0.012	0.050	0.24	0.70	5.6
20	0.008	-0.017	0.007	0.21	0.42	6.5
21	-0.018	-0.014	-0.020	0.32	0.73	4.6
22	0.000	-0.014	-0.022	0.34	0.46	6.6
23	-0.030	0.007	-0.023	0.75	0.75	2.3
24	-0.023	-0.003	0.050	0.32	0.28	1.8
25	-0.030	0.030	-0.034	0.79	0.37	-3.2
26	-0.002	-0.016	0.028	0.29	0.41	5.2
27	-0.030	0.025	0.050	0.61	0.64	-1.6
28	-0.004	-0.008	-0.009	0.51	0.42	5.7
29	-0.002	-0.014	-0.034	0.79	0.45	6.6
30	-0.030	0.025	0.050	0.39	0.36	5.2
31	-0.002	-0.021	0.043	0.43	0.37	5.4
32	-0.002	-0.014	0.043	0.70	0.77	6.3
33	-0.018	-0.008	0.050	0.24	0.50	5.0

序　号	c_1	c_2	c_3	k_1	k_2	t_1
34	-0.030	0.015	-0.049	0.80	0.76	-6.0
35	-0.030	0.030	0.050	0.56	0.58	-7.2
36	-0.030	0.030	0.050	0.71	0.70	-9.5
37	-0.030	0.015	0.015	0.52	0.53	-3.9
38	0.010	-0.010	0.050	0.55	0.46	5.1
39	-0.030	0.009	0.046	0.36	0.73	-4.1
40	-0.026	0.030	0.050	0.64	0.52	-9.4
41	-0.030	0.030	-0.004	0.42	0.77	-9.0
42	-0.030	0.024	0.046	0.49	0.49	-10.1
43	-0.030	0.021	0.024	0.31	0.76	-8.8
44	-0.030	0.030	0.009	0.51	0.52	-11.8
45	-0.009	0.004	0.013	0.80	0.33	-6.6
46	-0.030	0.021	-0.050	0.71	0.46	-8.1
47	-0.030	0.022	0.034	0.46	0.58	-9.9
48	-0.030	0.030	0.023	0.68	0.80	-12.7
49	-0.030	0.030	-0.014	0.51	0.78	-13.4
50	-0.030	0.029	0.050	0.42	0.28	-13.8

附表4　50个优化结果(3)

序　号	t_1	xc_1	xc_2	xc_3	C_{Di}	C_m
1	−0.12	0.578	0.578	0.252	3.70E−03	1.66E−04
2	−0.7	0.274	0.771	0.388	3.75E−03	1.34E−05
3	1.7	0.240	0.233	0.610	3.81E−03	4.74E−04
4	2.0	0.540	0.790	0.440	3.82E−03	5.98E−05
5	−1.3	0.582	0.800	0.205	3.83E−03	3.94E−04
6	−1.0	0.465	0.414	0.686	3.86E−03	−4.67E−04
7	−1.3	0.515	0.412	0.591	3.87E−03	4.65E−04
8	−2.1	0.596	0.570	0.366	3.87E−03	−8.70E−05
9	−2.4	0.240	0.636	0.483	3.87E−03	1.41E−04
10	1.2	0.744	0.643	0.624	3.89E−03	4.07E−04
11	−0.2	0.706	0.474	0.522	3.89E−03	1.02E−04
12	0.6	0.400	0.413	0.558	3.90E−03	5.56E−05
13	3.5	0.610	0.639	0.568	3.91E−03	5.27E−04
14	−1.9	0.451	0.358	0.385	3.91E−03	−2.65E−04
15	2.8	0.770	0.207	0.714	3.92E−03	4.56E−04
16	1.5	0.359	0.648	0.592	3.93E−03	4.88E−04
17	−3.2	0.783	0.706	0.711	3.94E−03	1.82E−04
18	−4.3	0.535	0.705	0.512	3.96E−03	3.57E−04
19	−4.6	0.224	0.800	0.705	3.96E−03	4.00E−04
20	−0.2	0.518	0.743	0.507	3.96E−03	1.93E−04
21	1.2	0.454	0.667	0.686	3.97E−03	5.16E−04
22	0.5	0.445	0.455	0.462	3.99E−03	4.65E−04
23	−1.8	0.203	0.352	0.716	4.00E−03	5.80E−04
24	−6.0	0.656	0.404	0.522	4.03E−03	2.42E−04
25	3.6	0.487	0.376	0.775	4.03E−03	2.27E−04
26	−2.6	0.418	0.497	0.512	4.04E−03	3.88E−04
27	−6.4	0.496	0.655	0.443	4.05E−03	−2.20E−05
28	0.2	0.511	0.525	0.426	4.07E−03	4.55E−04
29	−1.1	0.773	0.586	0.273	4.07E−03	4.76E−04
30	−4.7	0.428	0.346	0.348	4.10E−03	4.85E−04
31	−5.2	0.765	0.729	0.413	4.13E−03	3.19E−04
32	−3.3	0.456	0.720	0.639	4.19E−03	2.11E−04
33	−5.7	0.478	0.795	0.787	4.19E−03	2.66E−04

序　号	t_1	xc_1	xc_2	xc_3	C_{Di}	C_m
34	1.2	0.569	0.734	0.756	4.24E－03	2.64E－04
35	－7.9	0.768	0.800	0.611	4.24E－03	3.27E－04
36	－7.6	0.611	0.727	0.675	4.25E－03	6.00E－05
37	－4.3	0.785	0.786	0.682	4.27E－03	3.25E－04
38	－4.9	0.433	0.630	0.308	4.28E－03	－1.27E－04
39	－4.3	0.795	0.798	0.281	4.41E－03	4.48E－04
40	－7.3	0.773	0.664	0.642	4.58E－03	－3.68E－04
41	－4.3	0.693	0.718	0.465	5.06E－03	－2.74E－04
42	－4.0	0.777	0.782	0.238	5.10E－03	1.94E－05
43	－3.5	0.782	0.755	0.211	5.22E－03	－4.28E－04
44	－2.8	0.775	0.724	0.492	5.31E－03	2.15E－04
45	0.8	0.450	0.220	0.797	5.36E－03	4.67E－04
46	6.6	0.786	0.710	0.730	5.47E－03	－4.50E－04
47	－5.6	0.652	0.790	0.399	5.68E－03	－5.37E－04
48	－4.8	0.715	0.661	0.661	5.87E－03	－2.80E－04
49	－3.3	0.785	0.768	0.516	6.00E－03	－4.80E－04
50	－11.1	0.688	0.781	0.744	6.29E－03	3.50E－05

附表 5　代理模型样本点

序　号	a_0	a_1	a_2	a_3	重量计算值	重量预测值
1	0.200 9	0.716 7	0.340 8	−1.107 2	4 151.9	4 152.217 3
2	0.203 1	0.668 7	0.431 7	−1.143 1	3 952.5	3 950.609 1
3	0.202 7	0.682 2	0.396 9	−1.124 9	3 961	3 944.608 7
4	0.208 1	0.702 8	0.290 3	−1.050 3	3 895.8	3 917.426 3
5	0.196 3	0.697 1	0.431 4	−1.167 9	4 257.8	4 233.523 8
6	0.209 1	0.695 9	0.302 4	−1.057 9	3 875.2	3 900.251 2
7	0.206 6	0.717	0.277 3	−1.055 7	3 859.1	3 832.862 1
8	0.209 5	0.711 7	0.254 7	−1.028 3	3 885	3 853.208 3
9	0.203	0.718 9	0.305 5	−1.084 4	3 918.2	3 954.508 7
10	0.206 2	0.729 8	0.250 3	−1.045 8	3 840	3 800.353 1
11	0.200 8	0.638 5	0.520 5	−1.190 2	3 776.3	3 736.591 4
12	0.202 3	0.744 7	0.245 2	−1.047 7	3 656.3	3 614.791 3
13	0.209 7	0.726 3	0.196 2	−0.98	3 514.7	3 560.207 2
14	0.200 8	0.774 9	0.195 5	−1.036 2	3 973.3	3 927.222 7
15	0.209 3	0.709 9	0.247 1	−1.013 2	3 795	3 742.001 7
16	0.198 6	0.728 9	0.326 9	−1.105 1	4 014.2	3 961.175 8
17	0.205 5	0.712 7	0.296 6	−1.066 5	3 817.6	3 872.689 1
18	0.200 4	0.708 2	0.355 8	−1.116 6	4 066.5	4 006.665 2
19	0.210 5	0.669	0.345 4	−1.065 7	4 084.6	4 147.017 7
20	0.201 3	0.639 3	0.518 8	−1.194 2	3 945.8	3 878.261 9
21	0.205 1	0.686	0.352 4	−1.083 2	3 922.6	3 897.610 7
22	0.205 3	0.635	0.480 8	−1.151 9	3 824.9	3 905.886 5
23	0.207 9	0.714 8	0.255 4	−1.023 3	3 988	4 072.485 2
24	0.205 9	0.747 1	0.214 2	−1.026 1	3 998.2	3 984.148 4
25	0.213 2	0.703 6	0.231 9	−0.999 7	3 808.8	3 819.689 4
26	0.198 5	0.661 8	0.491 8	−1.189 3	3 869.9	3 880.177
27	0.208 7	0.621 4	0.492	−1.158 5	3 867.4	3 874.820 7
28	0.211 2	0.642 7	0.391 7	−1.083 9	4 499.1	4 492.801 4
29	0.199 1	0.665 7	0.476 8	−1.183 3	4 092.1	4 085.947 8
30	0.210 4	0.722	0.231 3	−1.024 4	3 645.6	3 665.936 3